Mieux dormir, mieux vivre

De la même auteure

Boivin, D. B. et Shechter, A., « Light and Melatonin Treatment for Shift Work », dans *Encyclopedia of Sleep*, dir. Clete A. Kushida, Amsterdam, Elsevier Press (sous presse).

Boivin, D. B. et Shechter, A., « Light Therapy », dans *Encyclopedia of the Neurological Sciences, 2nd edition*, dir. M.J. Aminof et R.B. Daroff, Amsterdam, Elsevier Press (sous presse).

Boivin, D. B., « Jet lag », dans *Encyclopedia of the Neurosciences*, dir. Kate Miklaszewska-Gorczyca, Amsterdam, Elsevier Press (sous presse).

Boivin, D. B. et Boudreau, P., « Les troubles du sommeil et des rythmes circadiens », dans *Les troubles du sommeil*, dir. M. Billard et Y. Dauvilliers, Paris, Masson, 2011, 554 p.

Boivin, D. B., « Disturbances of Hormonal Circadian Rhythms in Shift Workers », dans *Neuroendocrine Correlates of Sleep/Wakefulness*, dir. D. P. Cardinali et S. R. Pandi-Perumal, New York, Springer, 2006, 650 p.

Boivin, D. B., Tremblay, G. M., Boudreau, P., *Les horaires rotatifs chez les policiers : étude des approches préventives complémentaires de réduction de la fatigue*, Montréal, Institut de recherche Robert-Sauvé en santé et en sécurité du travail (IRSST), 2010, R-659, 102 p.

Boivin, D. B. et James, F. O., *Prévention par la photothérapie des troubles d'adaptation au travail de nuit*, Montréal, Institut de recherche Robert-Sauvé en santé et en sécurité du travail (IRSST), 2002, R-296, 111 p.

Boivin, D. B., « Comment réduire les effets négatifs du travail de nuit sur la santé et la performance ? », dans *Gestion*, HEC Montréal, 2010, 35(3):47-52.

Diane B. Boivin M.D., Ph. D.

LE SOMMEIL ET VOUS

Mieux dormir, mieux vivre

Préface de Ève Van Cauter Ph. D.

Catalogage avant publication de Bibliothèque et Archives nationales du Québec et Bibliothèque et Archives Canada

Boivin, Diane B.

Le sommeil et vous : mieux dormir, mieux vivre
ISBN 978-2-89568-590-6
1. Sommeil. 2. Rythmes circadiens. I. Titre.

RA786.B64 2012 613.7'94 C2012-941231-7

Édition : Miléna Stojanac
Révision linguistique : Céline Bouchard
Correction d'épreuves : Caroline Hugny, Gervaise Delmas
Direction artistique : Axel Pérez de León
Couverture et grille graphique intérieure : Axel Pérez de León
Mise en pages : Hamid Aittouares
Illustrations : Jasmin Guérard-Alie (têtes de chapitres), Amélie Roberge
Photo de l'auteure : Sarah Scott

Remerciements
Nous reconnaissons l'aide financière du gouvernement du Canada par l'entremise du Fonds du livre du Canada pour nos activités d'édition.
Nous remercions la Société de développement des entreprises culturelles du Québec (SODEC) du soutien accordé à notre programme de publication.
Gouvernement du Québec – Programme de crédit d'impôt pour l'édition de livres – gestion SODEC.

L'auteure tient à remercier Johanne Gauthier et Philippe Boudreau de leur précieux soutien à la recherche et aux figures. Elle remercie également Yoan, de Kharactèr Style Couleur, à Montréal, de sa disponibilité.

Les Éditions du Trécarré
Groupe Librex inc.
Une société de Québecor Média
La Tourelle
1055, boul. René-Lévesque Est
Bureau 800
Montréal (Québec) H2L 4S5
Tél. : 514 849-5259
Téléc. : 514 849-1388
www.edtrecarre.com

Dépôt légal – Bibliothèque et Archives nationales du Québec et Bibliothèque et Archives Canada, 2012

ISBN 978-2-89568-590-6

Distribution au Canada
Messageries ADP
2315, rue de la Province
Longueuil (Québec) J4G 1G4
Téléphone : 450 640-1234
Sans frais : 1 800 771-3022
www.messageries-adp.com

Diffusion hors Canada
Interforum
Immeuble Paryseine
3, allée de la Seine
F-94854 Ivry-sur-Seine Cedex
Tél. : 33 (0)1 49 59 10 10
www.interforum.fr

Je dédie ce livre à Johanne, qui a été présente à chaque instant,
et à Guillaume, mon complice de toujours.
À mes parents pour tout leur amour.
À Catherine et à Christine pour leurs précieux conseils.

Merci à tous mes amis pour les soirées de soutien bien arrosées.
Merci à tous les employés et étudiants passionnés du Centre d'étude et
de traitement des rythmes circadiens de l'Institut Douglas.

Sommaire

Préface

Le sommeil est une expérience quotidienne, l'objet de propos familiers – « Bonne nuit ! », « Bien dormi ? » –, mais c'est aussi un sujet à propos duquel nous nous posons de plus en plus de questions. Longtemps frontière peu explorée des neurosciences, la compréhension des mécanismes qui contrôlent notre sommeil a fait des avancées remarquables au cours des dernières décennies. Paradoxalement, durant la même période, un comportement relativement nouveau s'est répandu dans les sociétés industrialisées : la privation partielle de sommeil, jour après jour, pour travailler plus longtemps, se divertir plus tard et augmenter jusqu'à la limite du tolérable la durée d'activité. Grâce à l'éclairage artificiel, l'homme moderne a progressivement développé ce comportement qui lui est propre, car aucun autre mammifère ne se prive chroniquement de sommeil. Comportement donc anormal dans le contexte de notre biologie, mais souvent admiré et envié ! Toutefois, la fatigue, les difficultés de concentration, l'impression d'inefficacité et la mauvaise humeur, qui sont pour beaucoup le prix à payer pour les heures volées au sommeil, font réfléchir. Le gestionnaire qui se vante de ne consacrer que quatre ou cinq heures à dormir est-il un héros ou un idiot ?

Pour éclairer ce sujet complexe et fascinant, Diane B. Boivin a écrit un ouvrage rigoureux, qui traite des notions à la fine pointe des recherches actuelles en neurologie et en chronobiologie. Elle y explique de façon claire et accessible pourquoi un sommeil de qualité est essentiel à une bonne santé mentale et physique.

Il y a de nombreuses années, j'ai essayé de convaincre Diane de venir travailler dans mon laboratoire à l'Université de Chicago. Elle a finalement choisi Harvard et a réussi un parcours sans faute dans cet environnement périlleux, et ensuite une carrière menée tambour battant à l'Université McGill. L'invitation à préfacer ce premier livre destiné au grand public se situe dans le contexte d'années de respect, d'admiration et de collégialité amicale. Elle me donne l'occasion d'aborder brièvement mon « dada », c'est-à-dire les interactions entre la dette endémique de sommeil et les épidémies d'obésité et de diabète.

Comme on dort de moins en moins, il devient de plus en plus important de comprendre à quel point un sommeil abrégé ou de mauvaise qualité a des conséquences désastreuses. C'est sur ce sujet que mon laboratoire a focalisé ses efforts depuis près de quinze ans. Nos résultats initiaux ont encouragé d'autres équipes à explorer les liens étroits entre le sommeil, les régulations hormonales et le risque cardiométabolique. Il est maintenant bien établi qu'un sommeil insuffisant a des effets néfastes sur les hormones impliquées dans le contrôle de l'appétit. Une restriction du temps de sommeil à quatre à cinq heures pendant moins d'une semaine entraîne une augmentation notable de la résistance à l'insuline, une hormone clé pour la régulation du glucose et des lipides.

Il existe de véritables petits dormeurs, définis comme ceux et celles qui parviennent à fonctionner correctement autant sur le plan biologique que psychologique avec six heures ou moins de sommeil par nuit, nuit après nuit. Mais ces individus représentent vraisemblablement moins de dix pour cent de la population. En réalité, beaucoup de gens qui se disent petits dormeurs ont des besoins de sommeil plus élevés qu'ils le croient. Le message global de plus d'une centaine d'études est que la plupart des adultes ont besoin d'au moins sept heures de sommeil afin de rester biologiquement et psychologiquement sains.

Peut-être que, d'ici vingt ans, l'amélioration de notre connaissance du sommeil aura aidé à changer la perception des gens, à savoir que le sommeil est aussi important qu'une nutrition correcte et que l'exercice, et qu'il est essentiel de ne pas le négliger. Cet ouvrage constitue une contribution considérable, bien documentée aux sources les plus récentes. Le style direct et vivant de l'auteure en fait une lecture passionnante, loin d'être soporifique !

Merci, Diane !

Ève Van Cauter Ph. D.

Frederick H. Rawson Professor
Sleep, Metabolism and Health Center
The University of Chicago

INTRODUCTION

Que se passe-t-il dans la chambre à coucher ?

Le mouvement est l'essence même de la vie. J'aime les saisons, la neige qui tombe, qui fond et qui retombe, l'alternance du jour et de la nuit et, bien sûr, celle de l'éveil et du sommeil. Le cycle veille-sommeil m'a toujours intriguée car il témoigne d'un rythme fondamental de notre corps au même titre que le battement du cœur ou la respiration. Lorsque je pense à ce rythme et à la possibilité d'en maintenir la cadence et la vigueur jusqu'à un âge avancé, je rêve encore à la mythique fontaine de Jouvence...

Outre ces lubies de scientifique, le sommeil demeure un état fascinant, parsemé de mystères et de surprises. Un peu comme la plongée sous-marine en pleine mer, ce livre est une visite d'exploration dans les abysses du sommeil. Je me propose donc d'être votre guide et de vous promener à travers les récifs qui le constituent, rien de moins ! Et lorsque le grand requin blanc des détestables nuits blanches foncera sur vous, vous serez peut-être seul à y faire face, mais vous comprendrez mieux comment l'éloigner.

Le chapitre 1 décrit ce qu'est le sommeil, de quoi il est constitué et comment on l'étudie. Le cerveau travaille différemment endormi et éveillé. La logique qui guide le comportement du dormeur est bien différente de celle qu'il présente éveillé. Les activités réalisées lors de l'éveil influenceront les régions du cerveau qui nécessiteront un plus grand repos. Ainsi, votre éveil influence votre sommeil. Les deux font partie d'un cycle veille-sommeil et sont influencés par une horloge biologique située profondément au centre de notre cerveau. Le chapitre 2 décrit ces rythmes biologiques qu'on appelle circadiens et les troubles de ces derniers. Le sommeil à son tour influence l'éveil. En fait, il est essentiel de dormir si vous voulez être réveillé et fonctionner correctement le lendemain. Plus vous vieillirez, plus vous pourrez apprécier les bienfaits du sommeil et l'impact d'en manquer quelques heures. Les changements du sommeil au cours de la vie sont présentés au chapitre 3, qui montre ainsi qu'il est utile de bien dormir pour bien vieillir. Le chapitre 4 est consacré à l'insomnie. Il en décrit les causes et fournit des conseils pour en alléger le fardeau. Le manque de sommeil porte à manger la nuit, et le sommeil entretient des relations intimes avec l'alimentation, le métabolisme et le contrôle du poids. Le proverbe « Qui dort dîne » dit vrai : c'est le sujet du chapitre 5. Mettre en place une bonne hygiène de sommeil est bénéfique pour la santé à la fois physique et mentale. Le chapitre 6 décrit les perturbations du sommeil dans divers troubles psychiatriques et psychologiques, dont la dépression. Lorsque la tendance au sommeil est trop forte et s'étend à nos périodes d'activités, on parle de somnolence diurne. Le chapitre 7 traite de ce sujet et de la prise en charge clinique des patients qui en souffrent. Grands responsables de somnolence diurne, les troubles respiratoires nocturnes font l'objet du chapitre 8. Et, parfois, la frontière entre le sommeil et l'éveil est si ténue que les deux s'entremêlent dans un état de conscience limite. Le chapitre 9 décrit les troubles d'agitation nocturne qui traversent ces états ainsi que les troubles moteurs au cours du sommeil.

Cet ouvrage se veut à la fois un résumé des dernières découvertes sur le sommeil et un guide pour vous aider à mieux dormir. Le rythme trépidant de la vie moderne nous incite souvent, et trop souvent pour certains (dont l'auteure), à brûler la chandelle par les deux bouts. On apprend bien jeune à « vivre à crédit » en empruntant, jour après jour, quelques heures par semaine à Morphée. Cette réserve d'heures semble à première vue illimitée, gratuite même, et, la jeunesse aidant, on tolère ces heures de sommeil en moins sans subir de trop grandes répercussions sur nos performances à l'école, au travail ou dans notre vie sociale. Du moins, c'est ce que l'on croit ! J'espère que la lecture de ce livre vous convaincra du contraire et des bienfaits du sommeil, mais surtout qu'il vous fournira de précieux conseils. Bien comprendre ce que sont le sommeil et l'éveil et les raisons qui contribuent à les perturber est crucial. La fontaine de Jouvence ne prend-elle pas naissance d'une source d'eau au pied de l'arbre des connaissances ? Et comme l'eau de cette fontaine, le sommeil a des vertus régénératrices.

La nuit porte conseil... quand on dort.

CHAPITRE 1

À chacun son sommeil

Pourquoi, comment, quand et où dort-on ?

Nous le savons tous : dormir est un besoin impératif qui revient quotidiennement chez chacun de nous. Nous passons environ le tiers de notre vie à dormir, c'est plus que le temps passé à travailler et beaucoup plus que le temps passé à se nourrir. Il est d'ailleurs beaucoup plus difficile de ne pas dormir que de ne pas manger. Avez-vous déjà entendu parler d'une grève du sommeil comme moyen de pression pour soutenir une cause politique ? Un seul cas, à la connaissance de l'auteure, a été décrit. En contrepartie, vous pourriez citer de nombreux exemples amplement médiatisés d'individus qui ont défendu leur cause par une grève de la faim.

Si la privation de sommeil n'est pas très populaire chez les militants, elle demeure assez prisée des tortionnaires. Elle fait partie de la liste des méthodes de torture pour prisonniers de tout acabit, et cela depuis fort longtemps.

Dormir est un besoin universel : en fait, tous les animaux dorment à un moment ou l'autre de la journée. En revanche, les comportements de sommeil, eux, varient d'une espèce à l'autre et d'un individu à l'autre à l'intérieur d'une même espèce. L'être humain ne fait pas exception, et le sommeil d'une personne différera assurément de celui d'une autre. Les caractéristiques individuelles, les traits de personnalité et les styles de vie sont des facteurs qui affectent la durée et la qualité du sommeil des personnes. Au premier rang viennent le sexe et l'âge. Une enquête de 2005 de Statistique Canada révèle que, tous âges confondus, les hommes dorment environ huit heures sept minutes quotidiennement, soit onze minutes de moins que les femmes (figure 1). Cette observation surprend car nous savons que les femmes souffrent plus que les hommes de difficultés à dormir. Les chercheurs n'ont pas encore résolu cette énigme. La qualité du sommeil a toutefois tendance à se fragiliser davantage en vieillissant. Arrivés à la quarantaine ou à la cinquantaine, la plupart des gens seront plus facilement réveillés la nuit, même s'ils dormaient comme un bébé dans la vingtaine. Ils seront par le fait même plus sujets aux insomnies. Mais attention, le vieillissement commence bien avant qu'on nous remette notre carte de l'âge d'or ! En termes de sommeil, on a déjà atteint un âge respectable lorsqu'on souffle trente-cinq bougies...

Nos activités affectent aussi notre sommeil, et au premier plan vient le travail, qui occupe encore une part très importante de nos vies. Les gens qui sont des bourreaux de travail et ceux qui ont l'impression de manquer de temps dormiraient vingt et une et vingt-neuf minutes de moins par jour, respectivement, que les gens moins préoccupés par leur travail ou le temps. Si les gens qui manquent de temps travaillent cinq jours par semaine et quarante-huit semaines par an, ils dormiraient donc environ cent seize heures de moins par an que les travailleurs plus sereins. Il n'est pas surprenant que les travailleurs acharnés dorment moins, car ils empruntent du temps là où il leur semble

Dormir peu, dormir beaucoup

« Il n'est pas de douleur
que le sommeil ne sache vaincre. »

HONORÉ DE BALZAC
Le Cousin Pons

À peine une personne sur sept serait une petite ou une grande dormeuse saine qui dormirait moins de six heures ou plus de neuf heures*. Le physicien Albert Einstein dormait de dix à onze heures par nuit afin de favoriser, disait-il, le processus créatif. Un sommeil de cinq heures suffisait amplement à sir Winston Churchill, et Napoléon Bonaparte affirmait n'avoir besoin que de quatre heures par nuit. Enfin, Balzac, qui d'après la citation semblait apprécier les bienfaits d'un sommeil de qualité, vivait en fait tout autrement : écrivain aux habitudes de travail légendaires, il buvait jusqu'à trente tasses de café par jour pour rester éveillé et travailler toute la nuit.

* S. E. Luckhaupt et coll., 2010.

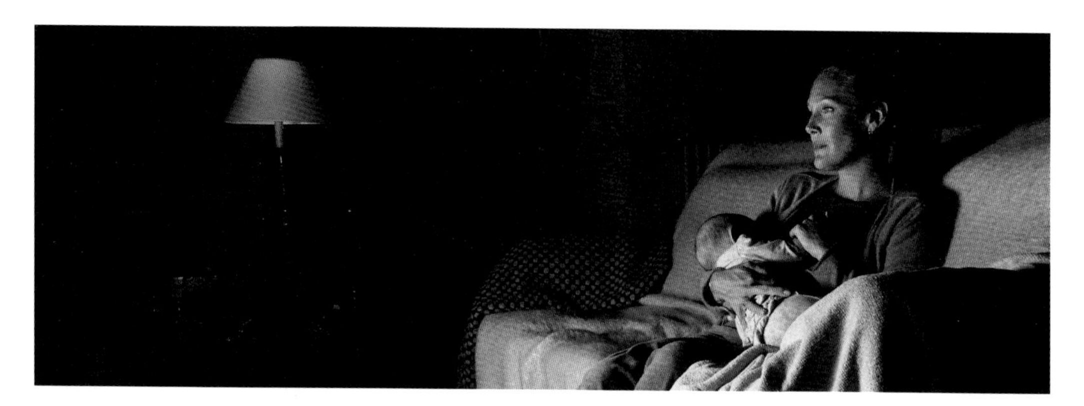

LE TEMPS DE SOMMEIL MOYEN OBSERVÉ*

	Hommes Moyenne : 487 min.	**Femmes** Moyenne : 498 min.
QUEL ÂGE AVEZ-VOUS ?		
15 à 24 ans	517 min.	527 min.
25 à 39 ans	483 min.	487 min.
40 à 59 ans	472 min.	487 min.**
60 ans et plus	491 min.	508 min.**
QUEL EST VOTRE STATUT MATRIMONIAL ?		
Célibataire	506 min.	513 min.
Marié ou en union de fait	478 min.	493 min.**
Séparé ou divorcé	485 min.	484 min.
Veuf	487 min.	506 min.
AVEZ-VOUS DES ENFANTS DE MOINS DE 15 ANS ?		
Aucun	491 min.	503 min.**
1	476 min.	486 min.
2 et plus	466 min.	478 min.
VOUS SENTEZ-VOUS TOUJOURS STRESSÉ ?		
Non	493 min.	505 min.**
Oui	472 min.	487 min.**
AVEZ-VOUS L'IMPRESSION DE MANQUER DE TEMPS ?		
Peu	499 min.	511 min.**
Modérément	485 min.	494 min.**
Beaucoup	464 min.	486 min.**

* Un sommeil de 8 h équivaut à 480 min.
** Valeurs significativement différentes entre hommes et femmes.

FIGURE 1

Statistique Canada, *Enquête sociale générale*, 2005.

LE TEMPS DE SOMMEIL MOYEN OBSERVÉ ET LE TRAVAIL*

	Hommes	Femmes
VOUS CONSIDÉREZ-VOUS COMME UN BOURREAU DE TRAVAIL ?		
Non	493 min.	503 min.*
Oui	470 min.	484 min.**
QUEL EST VOTRE STATUT D'EMPLOI ?		
Aucun	503 min.	505 min.
Temps partiel	491 min.	493 min.
Temps plein	474 min.	488 min.**
QUEL EST VOTRE HORAIRE DE TRAVAIL ?		
Travail de jour	474 min.	488 min.**
Autres horaires	482 min.	495 min.
COMBIEN DE TEMPS METTEZ-VOUS À VOUS RENDRE AU TRAVAIL ?		
1 à 30 min	475 min.	491 min.**
31 à 60 min	472 min.	482 min.
60 min et plus	451 min.	474 min.**
QUEL EST VOTRE REVENU ANNUEL ?		
0 à 19 999 $	509 min.	510 min.
20 000 à 39 999 $	484 min.	485 min.
40 000 à 59 999 $	472 min.	476 min.
60 000 $ et plus	466 min.	479 min.

* Un sommeil de 8 h équivaut à 480 min.

** Valeurs significativement différentes entre hommes et femmes.

FIGURE 2

Statistique Canada, *Enquête sociale générale*, 2005.

qu'il y en a, dans leur sommeil. Leur dette annuelle de sommeil est probablement beaucoup plus élevée que l'indiquent les chiffres ci-dessus, ce qui à la longue peut avoir des conséquences indésirables. Fait intéressant, la durée du sommeil a tendance à diminuer au fur et à mesure que le revenu annuel grimpe (figure 2). Cela ne veut pas dire qu'il faille absolument « travailler pour un petit pain » pour bien dormir, mais il serait bien d'accorder au sommeil les titres de noblesse qui lui reviennent. Il vaut mieux ne pas le repousser du revers de la main sans réfléchir lorsqu'on croit qu'on a mieux à faire, car on pourrait se réveiller un jour en réalisant qu'il était notre meilleur allié. Les gens qui mettent plus d'une heure à se rendre à leur bureau et ceux qui travaillent à temps plein perdent en moyenne vingt-deux et vingt minutes de sommeil par jour, respectivement, par rapport à ceux qui habitent plus près de leur travail ou qui ne travaillent pas. Aussi, si vous habitez en banlieue et travaillez au centre-ville, n'oubliez pas d'inclure le coût humain (dette de sommeil) au coût économique (essence, usure accélérée de la voiture) dans votre budget !

Avec le rythme de vie effréné qui caractérise la société moderne, il n'est pas étonnant que nous tentions de récupérer un peu de sommeil les jours de congé. Nous dormons plus les samedis et dimanches, sortant du lit en moyenne une heure plus tard que les matins de semaine. Mais on s'en doutait, les responsabilités familiales sont elles aussi de grandes voleuses de sommeil. Par exemple, les parents qui ont la charge de deux enfants ou plus âgés de moins de quinze ans dorment vingt-cinq minutes de moins par jour que les adultes sans enfant. En excluant la période suivant l'accouchement, avoir des enfants et s'en occuper exige un sacrifice de près de cent quarante-huit heures de sommeil par année !

Pourquoi donc devons-nous dormir autant quand il semble y avoir bien mieux à faire ?

QU'EST-CE QUE LE SOMMEIL ?

Le sommeil est une phase de relaxation et de récupération qui fait suite à une période d'éveil au cours de laquelle l'individu accumule une dette de sommeil. Pendant le sommeil, le dormeur est moins sensible à son environnement, mais cet état est rapidement réversible, car la personne peut être réveillée par un bruit ou une secousse. Cela distingue le sommeil d'une perte de conscience ou d'un état comateux au cours desquels l'individu ne peut pas être réveillé immédiatement. Les comportements adoptés au cours du sommeil sont propres à la personne ou à l'animal qui dort. Il est d'ailleurs intéressant de comparer les postures et la quantité de sommeil nécessaire entre les espèces animales (figure 3).

COMMENT LES ANIMAUX DORMENT-ILS ?

Animal*	Position**	Durée et horaire du sommeil
Girafe	• Étendue sur le sol, tête repliée sur les jambes postérieures et cou arqué	• Par courtes siestes de 2 min et demie à 6 min • Environ 4 h 30 par jour • La nuit
Éléphant	• Étendu par terre sur le côté	• Entre 1 et 4 h 30 par jour • La nuit
Koala	• Assis sur une branche d'arbre	• Entre 16 et 18 h par jour • Jour et nuit
Cheval	• En position debout ou couchée	• Par petites siestes • Environ 2 h 30 par jour • La nuit
Chat	• Étendu sur le ventre ou roulé en boule	• Jusqu'à 16 h par jour • Jour et nuit
Lion	• Étendu au sol sur le ventre	• Jusqu'à 20 h par jour en période de chasse • Jour et nuit
Chauve-souris	• Suspendue par les pieds à une paroi de grotte	• Jusqu'à 20 h par jour • Le jour
Rat	• Couché sur le ventre	• Environ 10 h par jour • Le jour

* Des différences existent entre individus d'une même espèce selon leur bagage génétique.
** D'autres postures de sommeil peuvent être observées.

FIGURE 3 Adapté de www.scienceblogs.com, www.animal.discovery.com.

LE SOMMEIL ET SES PROFONDEURS

Pour bien comprendre le sommeil et ses troubles, il est important d'en connaître l'organisation au cours de la nuit. En fait, le sommeil est un état très complexe composé de plusieurs phases distinctes qu'on qualifie de stades du sommeil. Ces stades sont organisés en cycles qui durent environ quatre-vingt-dix minutes chacun et se succèdent au cours de la nuit. La période entre l'endormissement le soir et le réveil du matin représente ce qu'on appelle un épisode de sommeil. Voyons plus précisément les stades du sommeil et leur organisation en cycles au cours d'un épisode de sommeil nocturne.

Les différents états de vigilance sont décrits comme des stades de sommeil. Ces derniers composent deux grandes catégories, soit le sommeil paradoxal, aussi appelé le sommeil REM (de l'anglais *rapid eye movements*, ou mouvements oculaires rapides), et le sommeil non-REM. Le sommeil non-REM est composé des stades 1 et 2, plus légers, ainsi que du sommeil lent profond – composé des stades 3 et 4. Une nuit moyenne est constituée d'environ 25 % de sommeil REM et 75 % de sommeil non-REM. Enfin, le sommeil est parsemé de nombreux éveils au cours de la nuit, éveils dont le dormeur n'est généralement pas conscient à cause de leur très courte durée. Il est utile, à des fins de comparaison, de commencer la description des stades de sommeil par celle de l'état d'éveil.

La grève du sommeil comme moyen de pression

En 2009, la section syndicale d'une entreprise d'électro-industrie de Fréha, dans la communauté territoriale de Tizi Ouzou, en Algérie, a dû employer différents moyens de pression. En plus des marches de une heure à l'intérieur de l'entreprise, des sit-in devant les bureaux de la direction et des grèves de la faim, ses ouvriers se sont livrés à une toute nouvelle action : la grève du sommeil. Ayant lancé le défi de rester éveillés ensemble jusqu'à satisfaction de leur revendication, neuf syndicalistes se sont privés de sommeil pendant dix jours. Ils ont fini par avoir gain de cause, mais on ignore les conséquences que leur geste a eues sur leur santé.

L'éveil représente l'état de conscience principal comblant normalement seize à dix-sept heures chaque jour. Le reste de la journée, soit sept à huit heures, sert à dormir. Comme nous l'avons mentionné, des périodes d'éveil font aussi partie du sommeil. Environ 10 % de nos périodes de sommeil sont en effet passées en stade d'éveil. Ces éveils intermittents permettent au dormeur de changer de position et d'être à l'affût de son environnement de manière épisodique au cours de la nuit. Il est même probable que ces éveils spontanés aient représenté un avantage pour la survie de l'espèce chez nos ancêtres de l'âge de pierre. On reconnaît l'éveil par le niveau élevé d'activité cérébrale qu'il comporte ; l'électroencéphalogramme (EEG) affiche alors des ondes de fréquences rapides, variées et de faible amplitude. Ces ondes rapides signalent que plusieurs régions du cerveau sont actives simultanément, car le cerveau est bombardé d'informations de toutes parts, qu'il analyse et sur lesquelles il prend action. Lorsque la personne est sur le point de s'endormir, le cerveau se détend progressivement, et on retrouve alors fréquemment des ondes dites alpha dans les régions postérieures, occipitales, du cerveau. Cet état d'éveil calme est propice à l'apparition du sommeil.

ACTIVITÉ CÉRÉBRALE AU COURS DU SOMMEIL

1. Éveil (ondes alpha)

2. Sommeil de stade 2

3. Sommeil lent profond (ondes delta)

4. Sommeil paradoxal

Le cerveau est très actif à l'éveil et en sommeil paradoxal. Il ralentit en sommeil de stade 2 et est à son plus bas en sommeil lent profond.

FIGURE 4 Tracés EEG, laboratoire du Dr D. B. Boivin.

En cours de sommeil de stade 1, l'activité cérébrale ralentit, le tonus musculaire demeure élevé, un léger roulement des yeux se manifeste et le dormeur est facile à réveiller. Ce stade dure entre une et sept minutes chez un dormeur jeune. Le sommeil de stade 1 étant très léger, le dormeur a l'impression d'être entre deux eaux, entre le sommeil et l'éveil. Certaines personnes réveillées au cours du stade 1 jureront avec conviction qu'elles n'ont pas dormi. Ce stade représente de 5 à 10 % de l'épisode de sommeil.

Le sommeil de stade 2 se caractérise par l'apparition d'éléments graphiques particuliers sur l'électroencéphalogramme, soit les fuseaux de sommeil et les complexes K. L'apparition de ces éléments sur l'enregistrement cérébral est importante car elle signale hors de tout doute que le sommeil est bel et bien installé. En fait, ces éléments graphiques du sommeil témoignent de la mise en action de circuits de communication entre les régions profondes et les régions superficielles du cerveau, circuits qu'on appelle les boucles thalamo-corticales. Ces boucles indiquent que le processus de « déconnexion » du cerveau par rapport à l'environnement est démarré et que ce dernier a commencé son travail de récupération visant à évacuer la fatigue neuronale accumulée au cours de la journée. On considère le stade 2 comme la base même du sommeil et il occupe de 40 à 50 % d'une nuit de sommeil. La perception du fait d'avoir dormi est mieux établie,

La privation de sommeil comme outil de torture

La privation de sommeil constitue un outil thérapeutique précieux et comporte des effets bénéfiques lorsqu'elle est employée dans le traitement de patients dépressifs. En revanche, priver un être humain de sommeil compte aussi parmi les façons les plus « efficaces » de le torturer. On force la victime à se tenir debout, et lorsqu'elle risque de s'endormir, on l'en empêche physiquement en l'exposant à des bruits forts ou grinçants et à de la lumière vive. La procédure est répétée pendant quarante-huit à cent quatre-vingts heures, soit jusqu'à plus d'une semaine sans sommeil, afin d'obtenir les résultats désirés. La victime éprouve entre autres des hallucinations, de la confusion et des pertes de mémoire, elle a des maux de tête, des déficits cognitifs, un taux d'hormone de stress et une tension artérielle élevés, et les muscles endoloris.

De par le monde, on a privé de sommeil de nombreux prisonniers politiques et de guerre pour leur soutirer des renseignements ou encore les avilir. Utilisée par l'ex-Union soviétique et divers régimes totalitaires, par les services de renseignements nationaux ainsi que par la prison américaine de Guantánamo, la privation de sommeil fait partie des méthodes de torture dénoncées par l'ONU et par Amnistie internationale.

comparativement au sommeil de stade 1, de sorte que le dormeur conviendra qu'il a dormi si on l'éveille au cours du sommeil de stade 2.

Le sommeil lent profond apparaît de trente à quarante-cinq minutes après l'endormissement. Le seuil d'éveil est plus élevé qu'en sommeil de stade 1 ou 2, et le cerveau est en phase de repos profond. À ce moment, le dormeur en santé est calme et profondément endormi. On remarque alors sur le tracé électroencéphalogramme des ondes lentes delta de grande amplitude. Ces ondes indiquent que plusieurs parties du cerveau sont au repos en même temps et synchronisées entre elles. Ce sommeil est souvent subdivisé en phases de stades 3 et 4, selon la proportion du temps au cours duquel des ondes delta sont présentes. Lorsque de 20 à 50 % du tracé EEG est occupé par des ondes delta, on parle de stade 3, comparativement à une présence majoritaire de ces ondes en stade 4. Le dormeur est plus difficile à réveiller en sommeil lent profond que pendant le sommeil plus léger des stades 1 et 2. De plus, après un réveil forcé en sommeil lent profond, le dormeur mettra beaucoup plus de temps à regagner ses esprits que s'il avait été réveillé en stade de sommeil plus léger. C'est ce qui arrive quand le téléphone retentit ou que le bébé pleure lorsqu'on est profondément endormi. Il faut alors un certain temps pour se réveiller. Appelé inertie du sommeil (voir chapitre 9), ce phénomène est potentiellement problématique pour les professionnels de garde qui doivent prendre des décisions importantes en pleine nuit.

Environ 25 % d'un épisode de sommeil est constitué de sommeil lent profond. Il s'agit d'une phase très importante car c'est en grande partie au cours de ce stade que notre cerveau récupère de la fatigue accumulée la veille.

Environ soixante-dix à cent minutes après l'endormissement apparaît un stade de sommeil très particulier qu'on appelle le sommeil paradoxal (ou sommeil REM). Sa spécificité tient au fait qu'il affiche à la fois des caractéristiques du sommeil et d'autres qui rappellent celles de l'état d'éveil. En effet, le seuil d'éveil est très élevé au cours de ce stade, et le dormeur est profondément endormi. Paradoxalement, le cerveau est très actif et l'activité cérébrale s'apparente beaucoup plus à celle qui est observée à l'éveil que pendant les autres stades du sommeil. C'est cette association particulière entre un cerveau très actif et un état de sommeil profond qui lui a valu le nom de sommeil paradoxal. On repère l'apparition de ce stade par trois phénomènes particuliers qui surviennent en même temps. Premièrement, le cerveau est très actif, presque autant qu'en période d'éveil. Deuxièmement, le dormeur présente des phases de mouvements oculaires rapides. Enfin, le dormeur est temporairement paralysé. En effet, le tonus de ses muscles squelettiques – ceux qui sont importants pour le maintien de la posture et le fonctionnement des membres – chute radicalement. Une paralysie survient donc périodiquement au cours de la nuit chez le dormeur en santé, lors des

phases de sommeil paradoxal. On observe également d'autres changements physiologiques: un pouls rapide et irrégulier, une respiration erratique, une constriction des pupilles, des clonies musculaires et des érections nocturnes. Au cours du sommeil paradoxal, le contrôle de la température corporelle est perturbé, de sorte que le dormeur devient vulnérable aux fluctuations de température dans sa chambre à coucher. On compare souvent cet état à celui qui est observé chez les animaux à sang froid comme les reptiles. On retourne donc à notre « état de reptile » brièvement toutes les nuits, environ toutes les quatre-vingt-dix minutes. Fait intéressant, le sommeil paradoxal est le stade associé aux rêves.

Les stades de sommeil se succèdent et reviennent à plusieurs reprises au cours de la nuit. Ils sont organisés en cycles qui durent environ de quatre-vingt-dix à cent minutes chacun. Par convention, les cycles de sommeil sont délimités par l'apparition des périodes de sommeil paradoxal. Nous présentons donc des périodes de sommeil paradoxal, et donc de rêves, environ toutes les quatre-vingt-dix minutes. Même les personnes saines qui pensent qu'elles ne rêvent jamais rêvent en fait de quatre à six fois par nuit. C'est tout simplement qu'elles ne s'en souviennent pas.

La composition des cycles de sommeil varie aussi au cours de la nuit. Les premiers cycles sont riches en sommeil lent profond, alors que les derniers cycles sont riches en sommeil paradoxal. Le sommeil lent profond prédomine donc en début de nuit et diminue par la suite, tandis que le sommeil paradoxal présente la distribution inverse. Cela s'explique par le fait que les premières heures de la nuit servent

Comment cela se passe-t-il au lit ?

Il est normal de changer de position à plusieurs reprises pendant le sommeil. En médecine, la position étendue est appelée le décubitus. Plusieurs positions adoptées au cours du sommeil ont été nommées selon que le dormeur est couché sur le dos (décubitus dorsal), sur le ventre (décubitus ventral), sur le côté gauche (décubitus latéral gauche) ou sur le côté droit (décubitus latéral droit). Pour que cela se passe le mieux possible au lit, il faut avoir une bonne hygiène de sommeil. Celle-ci correspond aux habitudes de vie adéquates qui favorisent une bonne récupération la nuit et de bons niveaux de vigilance le lendemain. Une révision de l'hygiène de sommeil fait partie intégrante du traitement de pratiquement tous les troubles du sommeil. Plusieurs conseils seront donnés tout au long de ce livre pour améliorer cette hygiène.

surtout à récupérer de la fatigue accumulée, alors que les dernières heures de repos permettent de rêver.

POURQUOI DORT-ON ?

Vous passez beaucoup de temps à dormir sans trop savoir pourquoi... Eh bien, cette question apparemment toute simple de la finalité du sommeil est plus complexe qu'il n'y paraît au premier abord. Encore aujourd'hui, on attend toujours la réponse définitive à cette question. Dans cette optique, des chercheurs ont étudié les conséquences de la privation de sommeil (Van Dongen et coll., 2004). La privation de sommeil peut être totale (un éveil forcé toute la nuit) ou partielle (une période de sommeil écourtée). Elle peut aussi être spécifique à un stade de sommeil donné, par exemple la privation du sommeil paradoxal. En étudiant les phénomènes présents chez des individus privés de sommeil, on peut commencer à mieux comprendre pourquoi on dort.

Avec cette question en trame de fond, des expériences de privation de sommeil extrêmes ont été réalisées à la fin des années 1960 par des chercheurs américains en gardant un groupe de quatre volontaires éveillés pendant deux cent cinq heures d'affilée, soit plus de huit jours (Pasnau et coll., 1968 ; Kollar et coll., 1969). Une augmentation progressive de la fatigue ainsi qu'un déclin des habiletés mentales et des

(suite page 32)

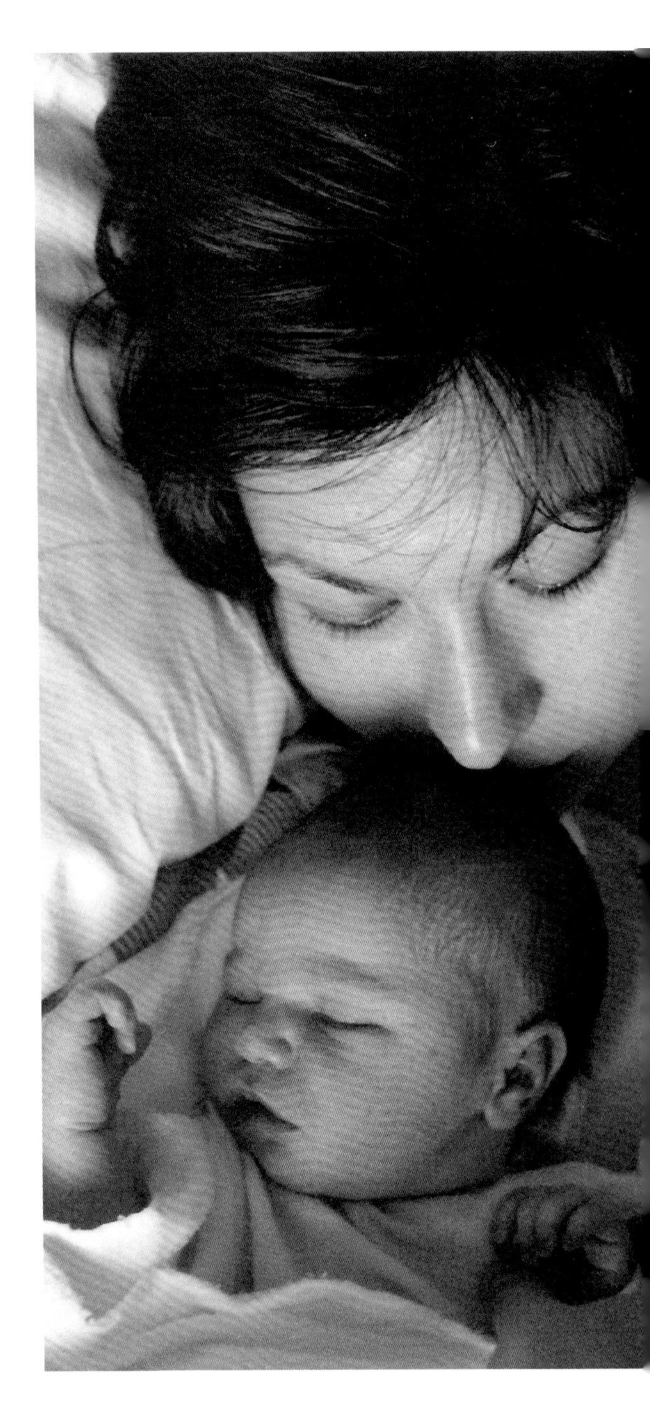

LES STADES DU SOMMEIL

État	Description	Activité cérébrale (mesurée sur EEG)	Autres phénomènes (mesurés sur EMG ou EOG)
Éveil	L'individu répond à son entourage. De nombreux éveils surviennent aussi au cours du sommeil normal.	Plusieurs régions du cerveau sont actives simultanément. Un cerveau actif affiche des ondes rapides et de faible amplitude. Chez un individu détendu, on peut identifier des ondes alpha (8-13 cps*) sur l'EEG mesuré dans les parties postérieures du crâne.	• Tonus musculaire élevé correspondant à l'activité physique de l'individu. • Mouvements oculaires présents et correspondant à la direction du regard.
Stade 1 du sommeil (nouvellement appelé sommeil N1)	Sommeil léger et sensation d'être « entre deux eaux ». Le dormeur est facile à réveiller.	Ralentissement de l'activité cérébrale à l'EEG. La rapidité des ondes baisse et on voit apparaître des ondes un peu plus lentes appelées les ondes thêta (4-7 cps).	• Tonus musculaire plus faible qu'à l'éveil mais encore élevé. • Roulement lent des yeux.
Stade 2 du sommeil (nouvellement appelé sommeil N2)	Ce stade est la base du sommeil. La perception du fait d'avoir dormi est bien établie chez le dormeur.	L'activité cérébrale ralentit davantage. On voit apparaître des éléments graphiques distinctifs du sommeil sur l'EEG : les fuseaux de sommeil (phases d'activation de 12-14 cps) et les complexes K (ondes biphasiques durant au moins 0,5 sec).	• Tonus musculaire plus faible qu'à l'éveil mais encore élevé. • Absence de mouvements oculaires.
Sommeil lent profond – stades 3 et 4 (nouvellement appelé sommeil N3)	Sommeil profond au cours duquel le dormeur est difficile à réveiller. Une confusion est notée lors des réveils forcés.	L'activité cérébrale est à son plus bas. L'EEG est synchronisé et dominé par des ondes lentes de grande amplitude, les ondes delta (0,5-4 cps). En stade 3, ces ondes sont présentes de 20 à 50 % du temps. En stade 4, elles dominent le tracé EEG sur plus de 50 % du temps.	• Tonus musculaire plus faible qu'à l'éveil. • Absence de mouvements oculaires.
Sommeil paradoxal (aussi appelé sommeil REM)	Le dormeur est profondément endormi et rêve intensément. Un récit de rêve est rapporté après 85 % des réveils au cours de ce stade.	Le cerveau est presque aussi actif qu'à l'état d'éveil. C'est cet état surprenant – un dormeur profondément endormi, paralysé, mais au cerveau très actif – qui a valu à ce stade le nom de sommeil paradoxal.	• Atonie musculaire présente indiquant que le dormeur est paralysé. • Des mouvements oculaires rapides (REM) sont visibles sur l'EOG.

* cps signifie cycles par seconde.

FIGURE 5

Les rêves et les érections nocturnes

Le sommeil paradoxal est le stade associé aux rêves. En effet, après un réveil lors de ce stade, le dormeur rapportera avoir rêvé dans 85 % des cas, comparativement à 15 % suivant un réveil lors d'un autre stade de sommeil. En 1929, Sigmund Freud a publié un livre intitulé *Die Traumdeutung* (« L'interprétation des rêves »). L'existence de ce livre témoigne de l'intérêt de la communauté médicale de l'époque pour le contenu des rêves comme outil pour comprendre les causes de problèmes psychologiques et psychiatriques. L'apparition d'érections nocturnes en cours de sommeil paradoxal a d'ailleurs amené certains chercheurs à y rechercher la présence de contenu érotique pour expliquer ces phénomènes. Au grand regret des freudiens, il n'y a pas de lien entre les érections nocturnes et le contenu des rêves. Il s'agit là d'un phénomène purement physiologique. La recherche sur l'inconscient devra trouver une autre voie...

Danger : éveil méchant

On se rappelle l'accident tragique survenu en Afghanistan en avril 2002, au cours duquel quatre soldats canadiens ont été abattus par une bombe à guidage laser larguée par un chasseur américain. La porte-parole de l'armée de l'air américaine avait expliqué : « Lorsqu'on pourrait s'attendre à ce que la fatigue dégrade la performance des équipages, on leur donne de la Dexedrine dans des doses de 10 mg. » On ne sait toujours pas si la Dexedrine a joué un rôle dans cet accident, bien que cette possibilité ait été soulevée par au moins un analyste militaire.

performances psychométriques se sont manifestés. Des troubles intermittents de la personnalité sont apparus – irritabilité, comportements immatures, distorsions sensorielles et hallucinations. Le troisième jour, les participants étaient incapables de lire à cause de leur incapacité à se concentrer. Au fur et à mesure que les heures d'éveil s'additionnaient, l'activité cérébrale des participants se modifiait, étant parasitée par des ondes lentes delta qui apparaissent normalement en sommeil lent profond. Ces jeunes hommes se comportaient comme s'ils étaient réveillés alors qu'en réalité leur cerveau était à la fois éveillé et endormi. Ils perdaient le fil des événements par périodes répétitives, manquaient souvent de tonus musculaire au point de risquer de tomber.

Ces états mixtes entre le sommeil et l'éveil indiquent que la frontière entre ces deux mondes n'est pas toujours bien gardée. Travailler dans des conditions qui nécessitent un éveil prolongé est évidemment dangereux, surtout si on doit manœuvrer un véhicule, des armes ou de l'équipement lourd. Dans un contexte de travail soutenu et forcé, certains individus pourraient être tentés d'utiliser des psychostimulants pour les aider à rester éveillés plus facilement. Malheureusement, cette pratique peut avoir des conséquences désastreuses. Le sommeil demeure une nécessité et il cherchera à s'imposer coûte que coûte, même si on tente de l'en empêcher. Il s'infiltrera dans les processus même de l'éveil si besoin est. Chez certains patients, la frontière entre l'éveil et le sommeil est si ténue, si permissive, que les deux états surviennent simultanément, leurs attributs s'entremêlant dans un état de conscience limite alors qu'ils ne devraient pas. Ce type particulier et fascinant de pathologie du sommeil sera décrit au chapitre 9.

Il est donc essentiel de dormir la nuit si l'on veut être bien éveillé et alerte le jour suivant. En détériorant son sommeil, on détériore aussi son éveil. Ce constat n'est pas surprenant puisqu'une des fonctions premières du sommeil est la récupération. Nous dormons pour récupérer de la fatigue physique et mentale accumulée au

Sommeil, apprentissage et mémoire

L'apprentissage de nouvelles connaissances requiert un encodage initial des expériences sensorielles et motrices. Un processus subséquent est nécessaire pour solidifier ces connaissances, au départ fragiles, et les emmagasiner sous forme de souvenirs durables. Plusieurs indices suggèrent que le sommeil joue un rôle important, dit de plasticité, dans l'apprentissage. Au cours du sommeil, des processus entrent en jeu afin de permettre l'organisation de nouvelles connaissances et de favoriser le souvenir à long terme de ces dernières. Les nouvelles connaissances traverseraient en quelque sorte au cours du sommeil une chaîne de montage à la sortie de laquelle elles seraient emmagasinées sous forme de connaissances durables.

L'apprentissage est donc renforcé après une bonne nuit de sommeil, comparativement à une nuit de privation de sommeil. C'est la première nuit suivant la journée d'apprentissage qui semble la plus importante, bien que le processus d'organisation des nouvelles connaissances puisse se poursuivre pendant plusieurs mois. Avis aux étudiants qui planchent toute la nuit, à la dernière minute, sur un examen : ces efforts intenses demeureront un piètre investissement à long terme comparativement à plusieurs séances d'étude suivies de bonnes nuits de sommeil.

L'apprentissage de nouveaux comportements moteurs complexes comme la pratique d'un nouveau sport ou d'un instrument de musique n'échappe pas aux bienfaits du sommeil. Les athlètes savent que si les pratiques physiques sont trop fréquentes et intenses, les performances peuvent chuter. La planification d'une sieste de soixante minutes ou plus peut prévenir cette détérioration et améliorer les performances même en l'absence de pratiques additionnelles. De plus, la quantité de sommeil paradoxal et de sommeil de stade 2 tend à augmenter la nuit suivant l'apprentissage de nouvelles techniques. Les athlètes en cours d'entraînement progresseront donc plus vite s'ils dorment mieux.

Le sommeil permet aussi de trouver des solutions créatives à des problèmes complexes. Lorsqu'on a demandé à de jeunes étudiants de résoudre un problème mathématique complexe, ces derniers ont trouvé une solution originale après une bonne nuit de sommeil, tandis qu'un autre groupe ayant subi une privation de sommeil n'est pas parvenu à résoudre l'énigme mathématique (Wagner et coll., 2004). Le sommeil favoriserait l'établissement de nouvelles associations entre des réseaux de neurones dans le cerveau. Il est par conséquent absolument vrai que la nuit porte conseil !

cours de la journée. Il en découle que plus la fatigue est grande, plus le besoin de sommeil sera important. On peut comparer cela à une dette qui commence à courir dès qu'on met le gros orteil hors du lit, et même, plus précisément, dès qu'on ouvre les paupières. De nombreuses études ont validé cette fonction dite homéostatique du sommeil et démontré que la pression – le besoin de sommeil – augmente proportionnellement à la durée de la période d'éveil précédente. On peut représenter ce processus à l'aide d'un sablier dont les grains de sable commencent à tomber dans un des bulbes au lever et à s'en retirer au coucher, quand on retourne le sablier. Ainsi, plus on est éveillé longtemps, plus on accumule de grains de sable dans le bulbe du sablier et plus notre besoin de dormir s'accroît. Il faudra également davantage de temps pour vider le sable qui s'y est accumulé, ce qui signifie qu'on devra dormir plus longtemps. Les scientifiques associent souvent les ondes delta à ces grains de sable (Borbély et coll., 1999). C'est principalement en début de nuit, au cours du sommeil lent profond, très riche en ondes delta, que nous remboursons notre dette de sommeil. On peut donc être rassuré : notre cerveau a compris qu'il doit rembourser sa dette de sommeil avant de rêver...

L'homéostasie du sommeil

L'homéostasie est la capacité d'un système à conserver son équilibre malgré les perturbations externes. L'homéostasie du sommeil représente donc la capacité du système de sommeil à retrouver son équilibre lorsque des situations entraînent une privation de sommeil. Le maintien de l'homéostasie des systèmes physiologiques du corps humain est important pour nous garder en vie.

On peut se demander à quoi servent tous ces stades du sommeil. Des scientifiques ont pensé à priver des dormeurs de certains stades spécifiques pour voir ce qui se passerait. Ces expériences, dites de privation spécifique de stades de sommeil, sont souvent très difficiles, voire héroïques à réaliser, car elles demandent une surveillance intensive des cobayes toute la nuit et tout le jour, et cela pendant des semaines consécutives. Chez l'humain, des expériences de privation spécifique de sommeil paradoxal ont d'abord été menées pendant plusieurs semaines chez des patients dépressifs (Vogel et coll., 1980). Un effet antidépresseur a été observé chez environ un patient sur deux, ce qui indique que ce stade de sommeil a un effet important sur la santé psychologique. Le rôle du sommeil dans la santé mentale sera traité plus en profondeur au chapitre 6. Chez les dormeurs en santé, par contre, la privation de sommeil paradoxal aurait des effets négatifs sur l'humeur et la consolidation de la mémoire.

Des expériences récentes ont utilisé des stimuli sonores pour causer des éveils répétés en cours de sommeil lent profond

(Tasali et coll., 2008). Ces études ont révélé que la réduction du sommeil à ondes lentes induit des perturbations dans le métabolisme des sucres. Nous reviendrons sur l'impact métabolique des troubles du sommeil au chapitre 5.

LES MÉCANISMES NEUROLOGIQUES DU SOMMEIL

Aucune substance isolée ne paraît essentielle et indispensable à la genèse et au maintien du sommeil. C'est plutôt une multitude de substances et de circuits neuronaux qui entrent en jeu à différents moments de la journée. En revanche, des centres importants au sommeil puis à l'éveil ont pu être identifiés dans le cerveau (figure 8). Par exemple, l'endormissement survient au coucher lorsque les centres du sommeil s'activent et que ceux de l'éveil s'apaisent. L'inverse se produit au lever. C'est un peu comme si un interrupteur était enfoncé pour obtenir la fonction sommeil à l'heure du coucher. Cet interrupteur est ensuite repositionné pour la fonction éveil à l'heure du lever. Une inhibition réciproque survient entre les centres de l'éveil et du sommeil, ce qui génère un cycle d'alternance veille-sommeil. Ainsi, lorsqu'un sujet dort, ses centres du sommeil sont en activité. Ils perdent progressivement de leur vigueur au cours de la nuit, tandis que les centres de l'éveil se renforcent de plus en plus. L'inverse se produit au coucher. On appelle ce système de passages de la période de sommeil à la période d'éveil (et inversement) le modèle « interrupteur flip-flop » (*flip-flop switch*) ou cycle d'interrupteurs veille-sommeil (Saper et coll., 2010).

(suite page 39)

UN NEURONE

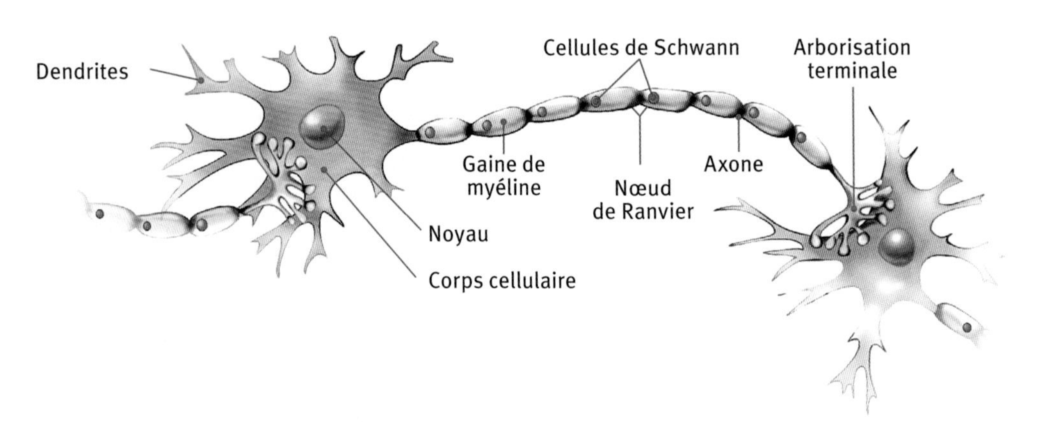

FIGURE 6

Le sommeil chez les espèces animales

Chez les primates, dont l'humain, le sommeil est monophasique ou biphasique, car il comporte une période principale de sommeil avec ou non une courte sieste diurne. Chez la plupart des autres mammifères, le sommeil est polyphasique et survient par courtes siestes fréquentes le jour ou la nuit, selon qu'il s'agit d'une espèce nocturne ou diurne. Sur le plan adaptatif, le sommeil peut être désavantageux car l'animal est moins conscient de son environnement et devient une proie plus facile pour les prédateurs. L'organisation quotidienne du sommeil et les comportements de sommeil sont par le fait même fortement influencés par la niche écologique des espèces. Ainsi, les proies passent moins de temps en sommeil paradoxal (au cours duquel ils sont paralysés) que les prédateurs. Et les animaux qui sont plus sensibles aux variations de température dans l'environnement, comme les petites bêtes et celles qui vivent en climat tempéré, ont des cycles de sommeil plus courts.

Une forme surprenante de sommeil, le sommeil unihémisphérique, est observée chez les mammifères aquatiques comme le dauphin ou encore chez le canard sauvage. Cela signifie qu'un hémisphère cérébral dort profondément tandis que l'autre est éveillé. Des périodes de sommeil unihémisphérique d'une quarantaine de minutes peuvent survenir et ces périodes alternent d'un hémisphère à l'autre. Dans cet état, l'animal peut nager à la surface pour respirer tout en dormant d'un hémisphère à la fois. Comme les fonctions cérébrales sont croisées, l'hémisphère actif et contralatéral permet que l'autre côté du corps continue de fonctionner. Par exemple, l'hémisphère droit actif fait que l'œil gauche reste ouvert. Le sommeil unihémisphérique permet aussi à ces espèces de nager en groupe, l'œil ouvert vers l'extérieur du groupe chez les animaux situés en périphérie, prêts à réagir à tout danger. Il s'agit bien d'une stratégie sociale de vigie de l'environnement (figure 7).

En règle générale, la durée totale de sommeil et de sommeil lent profond est inversement proportionnelle à la taille de l'animal et à son taux métabolique. Ainsi, les animaux plus petits (de corps et de cerveau) et à métabolisme élevé dorment plus que les gros mammifères au métabolisme lent. Les petits animaux ont aussi des besoins nutritifs plus élevés et vivent moins vieux que les gros animaux. Dans ce cas, pourquoi le koala dort-il autant alors qu'il est plus gros et moins actif qu'un pigeon ? Le koala dort beaucoup pour conserver plus d'énergie car sa diète, composée principalement de feuilles d'eucalyptus pauvres en valeurs nutritives, est déficiente. Qui dort dîne, comme on dit. Les études soulignent l'importance du sommeil, et en particulier celle du sommeil lent profond, dans la conservation des réserves énergétiques des animaux.

Le sommeil paradoxal semble quant à lui jouer un rôle important dans la maturation du cerveau. C'est pourquoi les espèces immatures à la naissance, dites altriciales et dont fait partie l'être humain, passent plus de temps en sommeil paradoxal que les espèces dites précociales, qui naissent avec un cerveau mature. La proportion de temps passé en sommeil paradoxal chez ces premières espèces diminue progressivement avec la maturation du système nerveux central, jusqu'à atteindre les niveaux observés chez l'adulte.

LE SOMMEIL UNIHÉMISPHÉRIQUE CHEZ UN GROUPE DE DAUPHINS

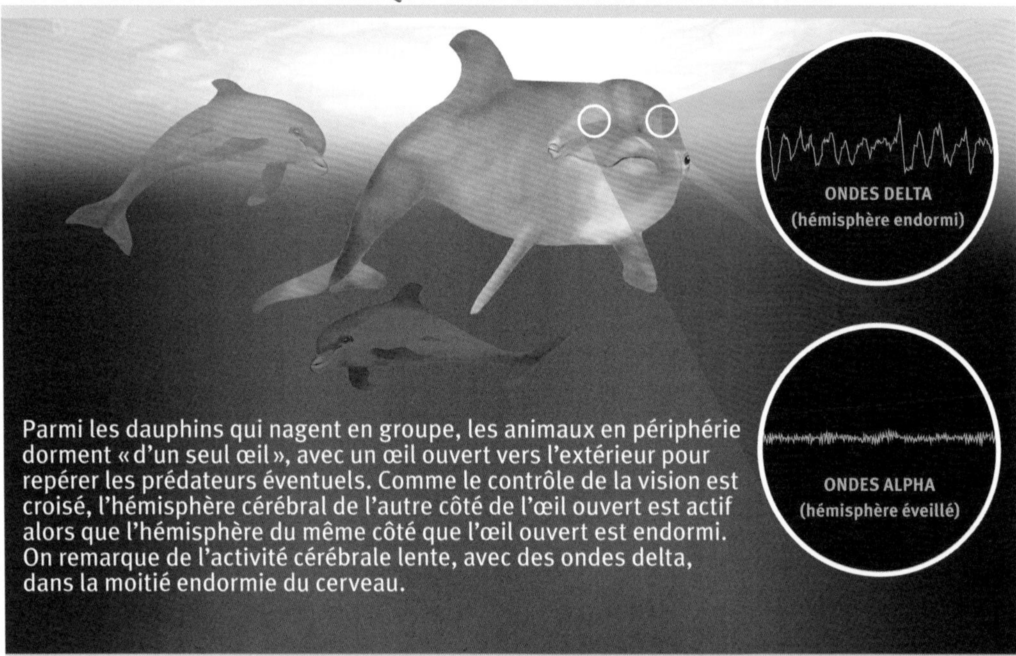

Parmi les dauphins qui nagent en groupe, les animaux en périphérie dorment « d'un seul œil », avec un œil ouvert vers l'extérieur pour repérer les prédateurs éventuels. Comme le contrôle de la vision est croisé, l'hémisphère cérébral de l'autre côté de l'œil ouvert est actif alors que l'hémisphère du même côté que l'œil ouvert est endormi. On remarque de l'activité cérébrale lente, avec des ondes delta, dans la moitié endormie du cerveau.

FIGURE 7

LE CYCLE VEILLE/SOMMEIL

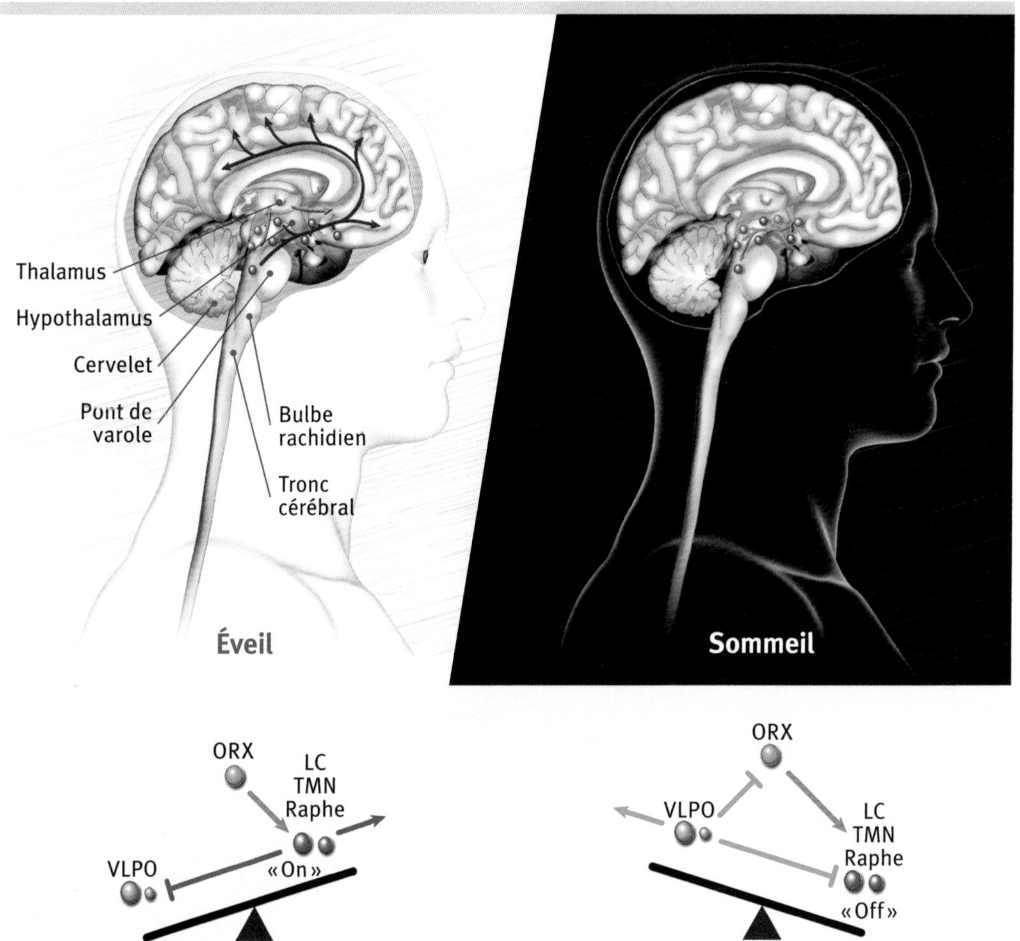

Système d'interrupteur (*flip-flop switch*)
entre les centres de l'éveil et du sommeil.

Lorsque les centres d'éveil (ORX, LC, TMN, Raphe) l'emportent, la personne s'éveille.

Lorsque les centres du sommeil (VLPO) l'emportent, la personne s'endort.

- VLPO : NOYAU VENTROLATÉRAL PRÉOPTIQUE
- ORX : NEURONES À OREXINE
- LC : LOCUS COERULEUS
- TMN : NOYAU TUBÉRO-MAMILLAIRE
- RAPHE : NOYAU DU RAPHÉ

FIGURE 8

D'après Saper, 2006.

LES MÉTHODES D'ENREGISTREMENT DU SOMMEIL

Le sommeil est un univers complexe aux facettes multiples. Son étude requiert donc une approche sophistiquée. Elle nécessite l'enregistrement de signaux biologiques obtenus par les différentes régions de la tête du dormeur. L'activité électrique du cerveau produite par les neurones est donc enregistrée à l'aide de six à vingt-quatre électrodes placées sur le cuir chevelu du sujet, de gauche à droite et d'avant en arrière. Les montages plus complexes, ceux qui comportent le plus d'électrodes, sont utilisés lorsqu'on soupçonne qu'il y a un problème neurologique. Les signaux électriques provenant du cerveau sont alors enregistrés par ces électrodes et transférés par fils conducteurs à un ordinateur afin de constituer un signal qu'on appelle un électroencéphalogramme (EEG). Ce signal permet de mesurer les ondes illustrées à la figure 4. Ces ondes sont importantes pour identifier les stades de sommeil. Les mouvements oculaires sont aussi enregistrés car ils permettent la reconnaissance du sommeil paradoxal. Ils sont documentés à l'aide d'électrodes placées à 1 ou 2 cm de la partie extérieure des yeux du dormeur. Comme la cornée est chargée positivement, contrairement à la rétine, les mouvements des yeux occasionnent un courant capté par ces électrodes et transféré par fil conducteur à un ordinateur afin de constituer un signal qu'on appelle un électrooculogramme (EOG).

Comme on l'a vu, en sommeil paradoxal, le dormeur présente des épisodes de paralysie musculaire. Il est donc important de mesurer le tonus musculaire au cours de la nuit à l'aide d'électrodes placées au niveau des muscles du menton. Les contractions musculaires responsables du tonus de ces muscles génèrent elles aussi un courant électrique, qui est capté par les électrodes et transféré par fils conducteurs à un ordinateur afin de constituer un signal qu'on appelle un électromyogramme (EMG).

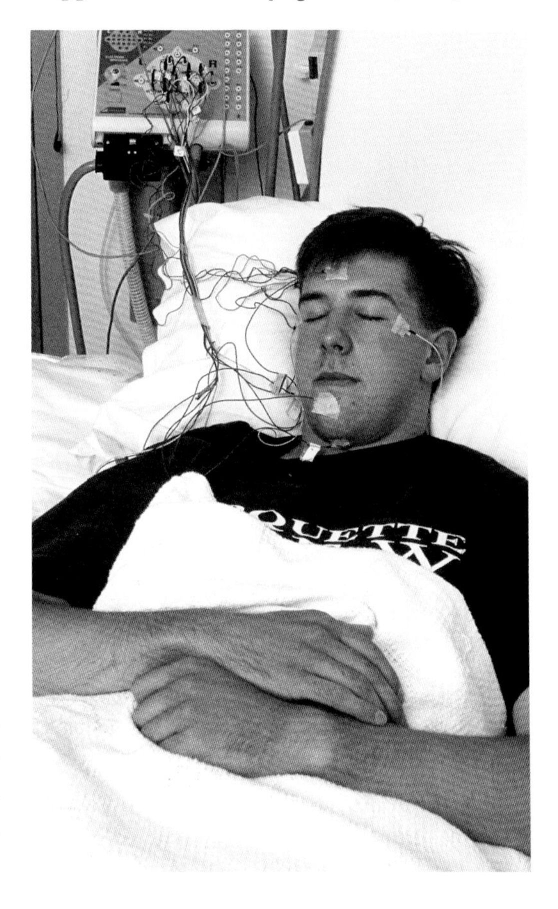

HYPNOGRAMME MONTRANT LES STADES DU SOMMEIL

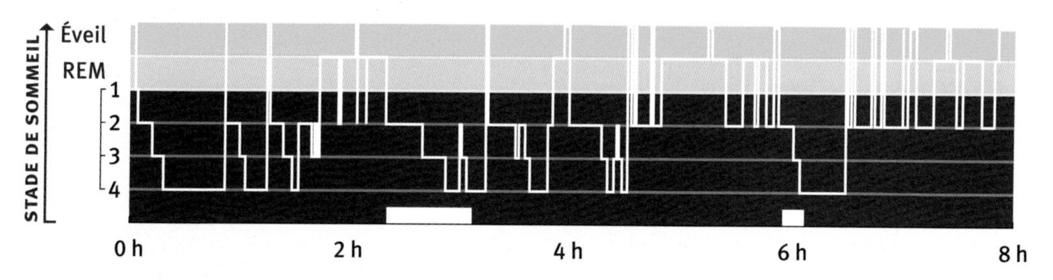

FIGURE 9

Hypnogramme d'un homme de 37 ans, laboratoire du Dr D. B. Boivin.

Ces trois signaux biologiques sont nécessaires pour connaître le stade de sommeil dans lequel un dormeur est entré (figure 5). Comme plusieurs signaux biologiques sont enregistrés simultanément, on appelle l'enregistrement du sommeil un enregistrement polysomnographique. Ce terme est dérivé des racines grecques *poly* (« plusieurs »), *somno* (« sommeil ») et *gráphô* (« écrire »).

Une fois l'enregistrement du sommeil effectué, il est analysé par tranches très courtes d'environ trente secondes. Ces sections d'analyse s'appellent les époques de sommeil. Un stade de sommeil est attribué à chacune de ces sections et le déroulement des stades de sommeil au cours de la nuit est illustré à l'aide d'un graphique appelé hypnogramme de sommeil (figure 9). Au cours de chaque nuit de huit heures de sommeil, on produit donc neuf cent soixante époques de sommeil. Heureusement, les enregistrements papier ont fait place à des enregistrements numérisés, car il fallait plus d'une boîte de papier d'enregistrements neurologiques pour consigner ces informations. L'analyse d'une nuit de sommeil exige donc un travail important. Cela explique en partie pourquoi il est si long d'obtenir une visite en clinique du sommeil.

En résumé, le sommeil est un état de conscience altéré caractérisé par un repli sur son monde intérieur et une sensibilité de plus en plus faible à l'environnement. Nous passons donc au moins un tiers de notre vie relativement déconnectés de la réalité… Au cours du sommeil, l'organisme traverse une succession de stades qui témoignent d'états différents d'activité cérébrale qui favorisent, d'une part, la récupération de la fatigue accumulée au cours de la journée et, d'autre part, l'intégration des connaissances acquises la veille. Il n'est donc pas surprenant que cette mécanique complexe fasse parfois défaut. Bien comprendre la nature d'un sommeil normal permettra de mieux comprendre les conditions qui en détériorent la qualité.

Que retenir de ce chapitre ?

- Le sommeil est composé de deux grands types, soit le sommeil paradoxal appelé REM (pour *rapid eye movements* ou mouvements oculaires rapides) et le sommeil non-REM. Le sommeil non-REM est lui-même subdivisé en sommeil de stades 1 et 2, et en sommeil lent profond (aussi appelé les stades 3 et 4).
- Au cours de la nuit, le sommeil est organisé en cycles d'environ quatre-vingt-dix minutes qui se répètent. Les premiers cycles de sommeil sont riches en sommeil lent profond alors que les derniers cycles sont riches en sommeil paradoxal.
- Le sommeil lent profond et les ondes cérébrales delta qui le caractérisent, témoignent de sa fonction récupératrice.
- Le sommeil paradoxal est classiquement associé aux rêves et se manifeste par un cerveau actif, un sujet profondément endormi, des yeux qui bougent et un corps paralysé.
- La durée et la qualité du sommeil varient d'une personne à l'autre et selon les habitudes de vie.
- Un sommeil perturbé perturbera aussi le fonctionnement mental et physique au cours de la journée. Vous fonctionnerez mieux, plus longtemps, si vous lui accordez la place qui lui revient.

L'horloge biologique ne tient pas compte des lendemains de veille.

CHAPITRE 2

Ma planète Terre

L'horloge biologique et ses rythmes

Les diverses espèces animales ont des comportements différents au cours d'une journée. Les animaux qualifiés de diurnes sont plus actifs le jour, tandis que les animaux nocturnes sont plus actifs la nuit. Mais on observe aussi des habitudes d'activité mixtes (M. Cuesta, 2009).

Des expériences déterminantes ont permis de démontrer que plusieurs rythmes diurnes prennent naissance dans l'organisme même des animaux. On parle ici de rythmes circadiens *endogènes*. En d'autres mots, un animal n'a pas besoin d'être exposé à l'environnement pour que ces rythmes existent. Cela signifie qu'une véritable horloge biologique est à l'origine des rythmes circadiens. Chez les mammifères, la composante fondamentale de cette horloge est localisée dans de petites structures bilatérales appelées les noyaux suprachiasmatiques de l'hypothalamus. Ces noyaux contrôlent l'organisation temporelle des rythmes diurnes de l'organisme entier. Ils font chacun moins d'un millimètre cube de dimension mais sont composés d'environ 45 000 neurones. Ils se trouvent au centre du cerveau, dans l'hypothalamus antérieur, juste au-dessus du chiasma optique (figure 10). Leurs neurones, parmi les plus petits du cerveau, affichent individuellement un rythme d'activité diurne. Cette observation révèle que les mécanismes de genèse des rythmes circadiens sont intracellulaires. Si on détruisait les noyaux suprachiasmatiques d'un animal, ce dernier présenterait un rythme quotidien d'activité et de repos désorganisé. Dans un tel cas, la transplantation de noyaux suprachiasmatiques d'un fœtus rétablirait les rythmes circadiens, mais avec les caractéristiques du donneur. Les rythmes circadiens sont donc génétiquement déterminés. Le fondement génétique des rythmes circadiens explique en grande partie la variabilité qu'on observe dans les habitudes de sommeil des individus. Par exemple, certaines personnes diront qu'elles sont du matin ou du soir selon qu'elles préfèrent se coucher et se lever plus tôt ou plus tard. La figure 11 permet de déterminer à quel type circadien (ou à quel chronotype) nous appartenons.

L'HORLOGE CENTRALE

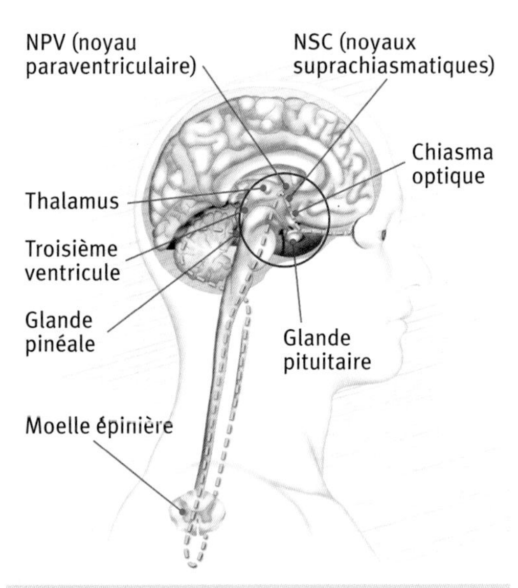

FIGURE 10

AJUSTER SON MONDE INTÉRIEUR AU MONDE EXTÉRIEUR

Lorsqu'on met une personne dans un environnement d'isolation temporelle, elle continue de dormir et de se réveiller tous les jours. Ce comportement cyclique découle de la présence d'une horloge biologique dans l'organisme. Cette horloge fonctionne au rythme de journées qui lui sont propres. En fait, la journée biologique humaine est très semblable à la journée terrestre et compte en moyenne autour de vingt-quatre heures quatre minutes. La durée des journées biologiques varie d'un individu à l'autre entre environ vingt-trois heures trente et vingt-quatre heures trente (Gronfier et coll., 2007). Comme nos journées biologiques sont un peu différentes des journées terrestres, nous devons constamment remettre nos horloges biologiques à l'heure de la Terre. Pour parvenir à ajuster la longueur de ses journées biologiques à celle des journées terrestres, l'organisme doit décoder des signaux qui l'informent du cycle de l'environnement. En d'autres mots, chaque jour, des synchronisateurs environnementaux, appelés *zeitgebers* (de l'allemand *Zeitgeber*, « donneur de temps »), signalent à l'horloge biologique des individus la durée des journées terrestres. Chez toutes les espèces animales étudiées à ce jour, le synchronisateur circadien le plus puissant est de loin le cycle lumière-obscurité.

Notre horloge circadienne présente toutefois des limites naturelles quant à sa

À QUEL CHRONOTYPE APPARTENEZ-VOUS ?

Plusieurs facteurs d'ordre biologique et psychologique influencent l'horaire de sommeil et d'activité. Ainsi, certaines personnes sont des oiseaux du matin alors que d'autres sont des oiseaux de nuit. Les questions suivantes donnent un aperçu des différents chronotypes. Il faut répondre en supposant qu'on dispose sans contraintes de son temps.

	Chronotype prononcé du matin	Chronotype du matin	Chronotype indéterminé	Chronotype du soir	Chronotype prononcé du soir
Quelle est votre heure naturelle de lever ?	5 h-6 h 30	6 h 30-7 h 45	7 h 45-9 h 45	9 h 45-11 h	11 h-12 h
Quelle est votre heure naturelle de coucher ?	20 h-21 h	21 h-22 h 15	22 h 15-0 h 30	0 h 30-1 h 45	1 h 45-3 h
À quelle heure ressentez-vous de la fatigue le soir ?	20 h-21 h	21 h-22 h 15	22 h 15-0 h 45	0 h 45-2 h	2 h-3 h
À quelle heure de la journée vous sentez-vous le plus performant ?	5 h-8 h	8 h-10 h	10 h-17 h	17 h-22 h	22 h-5 h

FIGURE 11

Adapté de J.A. Horne et O. Östberg (1976). Beaucoup plus long, le test complet validé est disponible dans l'article original.

capacité d'adaptation aux cycles de l'environnement. Ainsi, si la Terre était menacée de destruction et qu'on nous offrait d'être déportés sur une autre planète, nous parviendrions à nous adapter à un nombre restreint de journées planétaires. Si ce scénario se produisait, il faudrait tenter d'éviter les planètes dont les journées sont plus courtes que vingt-trois heures ou plus longues que vingt-sept heures, car elles dépassent les capacités d'entraînement de l'horloge circadienne, à moins d'utiliser un traitement d'exposition à de la lumière très vive... et encore.

Les rythmes circadiens

Les rythmes diurnes sont qualifiés de circadiens car ils se reproduisent à la fréquence d'environ une journée. Les racines latines de ce terme sont *circa* (« environ ») et *diem* (« jour »).Certains rythmes circadiens sont présentés pour une personne qui vit selon un horaire régulier de jour et qui dort la nuit (figure 12).

LA TEMPÉRATURE CORPORELLE

La température corporelle centrale varie au cours de la journée. Elle atteint son maximum de une à deux heures avant l'heure habituelle du coucher, puis chute progressivement au cours de la nuit pour atteindre son minimum de une à deux heures avant l'heure habituelle du lever. Le processus d'endormissement s'accompagne d'une perte de chaleur par les extrémités (doigts et orteils), ce qui favorise la chute de la température centrale et l'endormissement.

LA MÉLATONINE

La mélatonine est une hormone sécrétée par la glande pinéale au cours de la nuit, chez les espèces animales tant diurnes que nocturnes. Sa relation avec le cycle veille-sommeil et son rôle présumé dans la facilitation du sommeil dépendent donc de l'animal. Chez l'humain, la sécrétion de mélatonine débute en soirée, quelques heures avant l'heure habituelle du coucher. Les taux sanguins de mélatonine sont maximaux en milieu de nuit, après quoi ils commencent à redescendre

TEMPÉRATURE CORPORELLE ET MÉLATONINE PLASMATIQUE

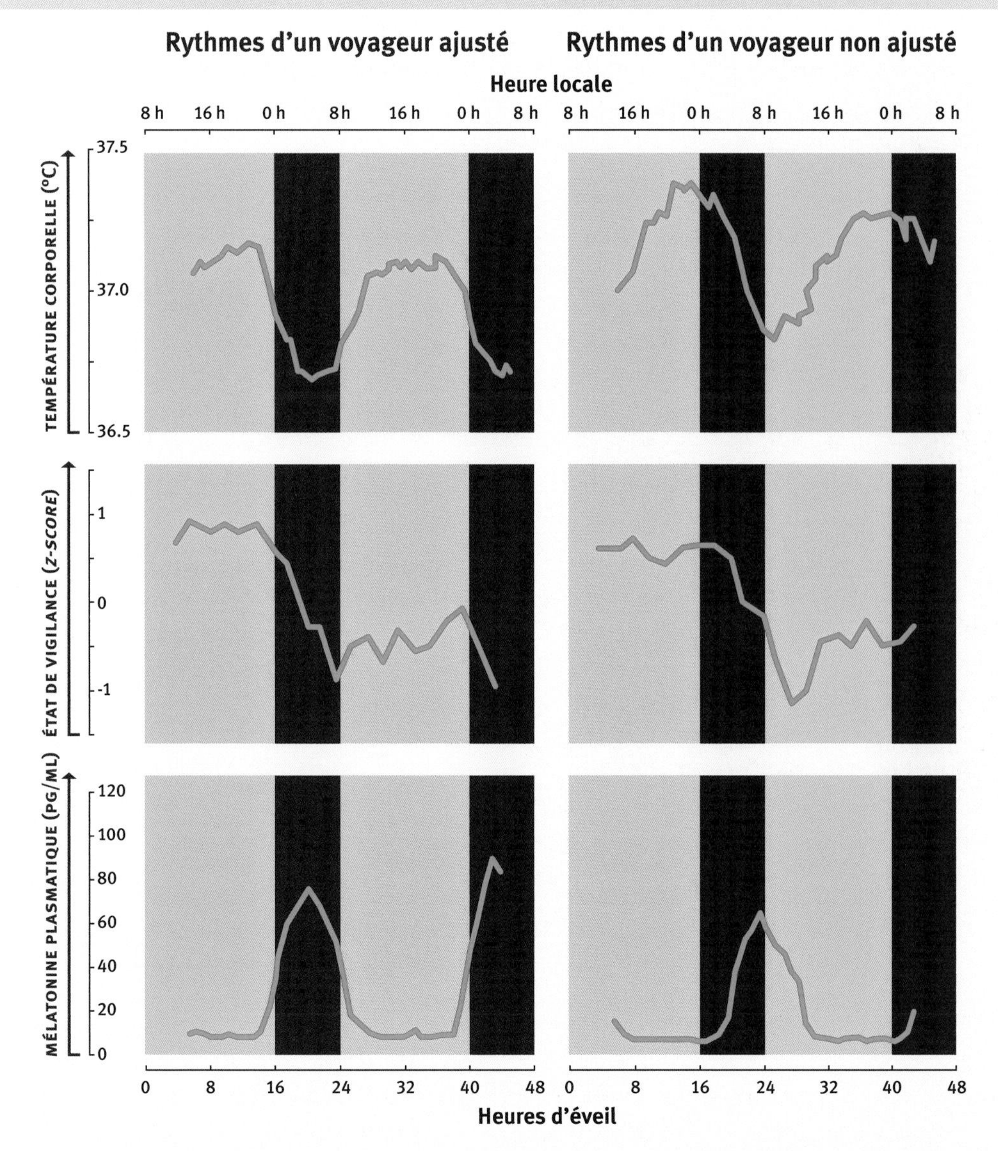

Lorsque l'ajustement au décalage horaire est complet, les rythmes circadiens regagnent une bonne position par rapport à l'épisode de sommeil. C'est le cas du voyageur de gauche, qui s'est bien ajusté à un décalage Montréal-Londres. Le voyageur de droite ne s'est pas ajusté, ses rythmes surviennent trop tard par rapport à son épisode du sommeil à Londres.

FIGURE 12

Adapté de Dr D. B. Boivin, 2002.

pour retourner à des taux difficilement détectables en fin de matinée. Ils restent très bas jusqu'au soir.

LE CORTISOL

Le cortisol est une hormone sécrétée par les glandes surrénales. Il joue un rôle dans la réponse de l'organisme au stress. Sa sécrétion varie au cours de la journée selon un rythme circadien bien établi. Son taux sanguin est maximal le matin à l'heure habituelle du réveil. Il redescend progressivement au cours de la journée pour atteindre un creux en début de nuit, au cours des premières heures du sommeil.

Les divers rythmes circadiens s'harmonisent dans l'organisme en maintenant une relation temporelle précise entre eux et par rapport au rythme sommeil/noirceur et activité/lumière. Tous ces rythmes sont ajustés sur le cycle environnemental d'environ vingt-quatre heures, du moins si on habite la planète Terre ! Ils ont chacun leur amplitude de variation et leurs points maximal et minimal spécifiques.

Cette mécanique temporelle bien huilée assure le maintien d'une bonne santé physique et mentale. Par conséquent, un changement même infime dans le décours ou le déclin temporel d'un rythme par rapport à un autre peut influencer le risque de contracter diverses maladies. L'horloge biologique centrale représente en quelque sorte un chef d'orchestre qui dirige le rythme du fonctionnement des organes afin que ceux-ci conservent le bon tempo et la bonne mélodie, avec les temps forts et faibles aux bons endroits.

LA LUMIÈRE SUR NOTRE HORLOGE BIOLOGIQUE

De par leur position anatomique, les noyaux suprachiasmatiques reçoivent de l'information visuelle provenant des deux rétines. Cette information sur les niveaux de luminosité est transmise de la rétine aux noyaux suprachiasmatiques par une voie neuronale directe et très puissante, la voie rétino-hypothalamique. Les mécanismes neuronaux engagés dans la synchronisation de l'horloge circadienne par la lumière sont différents des mécanismes de la vision, à tel point qu'il est même possible qu'un aveugle soit sensible à la lumière comme synchronisateur circadien (Czeisler et coll., 1995). On peut donc être neurologiquement aveugle mais circadiennement voyant.

Ce sont les cônes et les bâtonnets de la rétine qui transfèrent au cerveau l'information visuelle qui nous permet de voir. Ces photorécepteurs ont cependant un rôle secondaire pour ce qui est de l'entraînement de l'horloge biologique par la lumière. En effet, on a découvert un groupe de cellules ganglionnaires spécialisées sensibles à la lumière. Celles-ci envoient des projections aux noyaux

LA LUMIÈRE ET L'HORLOGE CORPORELLE

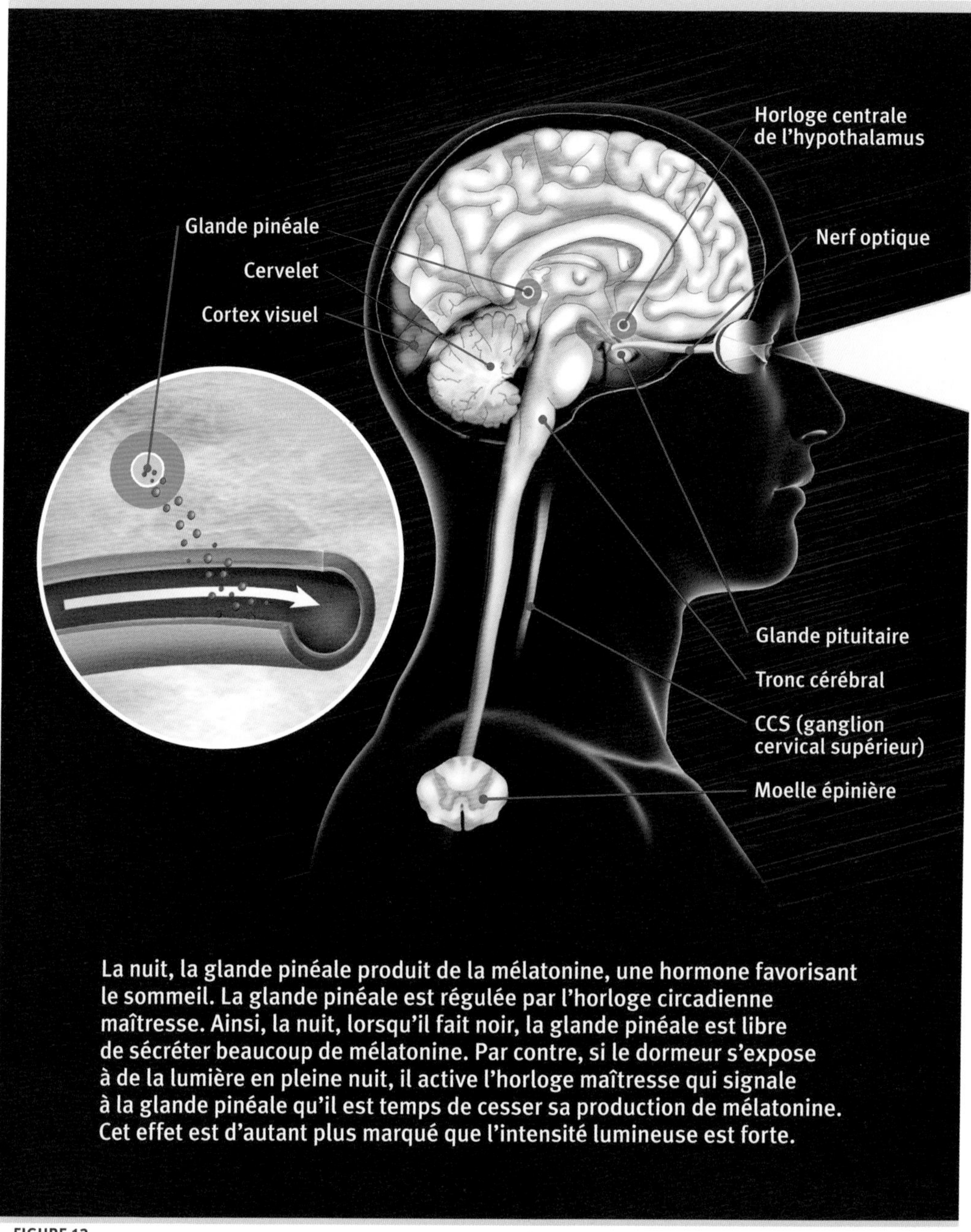

La nuit, la glande pinéale produit de la mélatonine, une hormone favorisant le sommeil. La glande pinéale est régulée par l'horloge circadienne maîtresse. Ainsi, la nuit, lorsqu'il fait noir, la glande pinéale est libre de sécréter beaucoup de mélatonine. Par contre, si le dormeur s'expose à de la lumière en pleine nuit, il active l'horloge maîtresse qui signale à la glande pinéale qu'il est temps de cesser sa production de mélatonine. Cet effet est d'autant plus marqué que l'intensité lumineuse est forte.

FIGURE 13

suprachiasmatiques, ce qui permet d'ajuster leurs rythmes à celui du cycle lumière-obscurité. Ces cellules possèdent un photopigment, la mélanopsine, qui est sensible aux longueurs d'onde courtes, soit la lumière bleue. Ces cellules ganglionnaires à mélanopsine sont la porte d'entrée principale par laquelle la lumière influence les rythmes circadiens. Cela dit, l'absence de ces cellules (comme chez des souris dites transgéniques) n'élimine pas la possibilité d'entraîner l'horloge circadienne par la lumière. Nous savons que de l'information provenant des cônes et bâtonnets peut aussi agir sur l'oscillateur circadien. Cette redondance dans l'arrivée de l'information photique à l'horloge biologique assure une sécurité additionnelle en cas de défaillance d'une composante.

La lumière exerce un effet biologique sur les rythmes circadiens. Par exemple, lorsqu'un individu s'expose à de la lumière vive la nuit, celle-ci inhibe la sécrétion de la mélatonine par la glande pinéale (figure 13). Plus la lumière à laquelle un individu est exposé est vive, plus la réduction de la mélatonine sera prononcée. C'est pour cette raison qu'on recommande aux patients insomniaques qui se lèvent la nuit de demeurer dans des niveaux de luminosité les plus faibles possibles.

La lumière exerce un autre effet biologique sur le système circadien. Elle permet d'en ajuster l'horaire, de traverser en quelque sorte des fuseaux horaires internes. L'effet de la lumière varie selon l'horaire d'exposition à celle-ci, une relation qui est décrite par une courbe de phase réponse. Ainsi, une exposition à la lumière vive tard le soir et tôt la nuit déplace l'oscillateur circadien vers des heures plus tardives. On parle alors de retard de phase, ce qui s'apparente à l'adaptation au décalage horaire à la suite d'un voyage en avion vers l'ouest. En comparaison, l'exposition à une lumière vive en fin de nuit et tôt le matin avance l'oscillateur circadien vers des heures plus précoces. On parle alors d'avance de phase circadienne, ce qui s'apparente à l'adaptation au décalage horaire à la suite d'un voyage en avion vers l'est (figure 14). Une courbe de dose réponse de cet effet chez l'humain a été décrite et indique que le système circadien est très sensible à l'effet biologique de la lumière, même à la lumière artificielle produite par de simples lampes d'intérieur.

COURBE DE RÉPONSE DE PHASE DE L'EFFET D'ENTRAÎNEMENT DE LA LUMIÈRE SUR L'HORLOGE BIOLOGIQUE

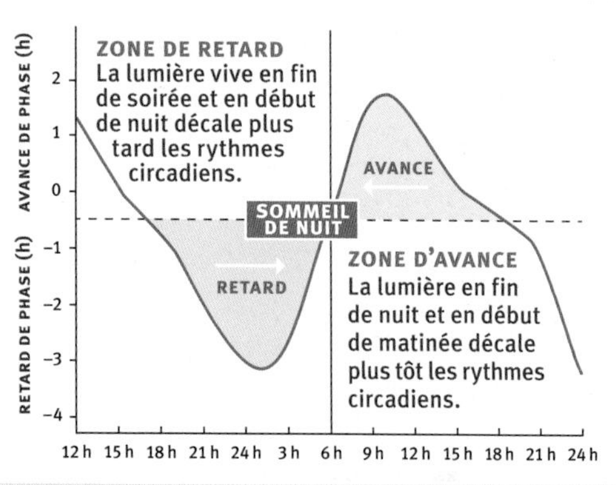

FIGURE 14 Adapté de Khalsa et coll., 2003.

LES AUTRES SYNCHRONISATEURS DE L'HORLOGE BIOLOGIQUE

On a identifié d'autres synchronisateurs, dits non-photiques parce qu'il ne s'agit pas de lumière. On compte parmi eux l'exercice, les interactions sociales et l'heure des repas. Ceux-ci pourraient expliquer pourquoi certains aveugles insensibles à l'effet d'entraînement de la lumière sur leur horloge biologique parviennent à maintenir un rythme de vingt-quatre heures et à s'ajuster à leur environnement. Dans l'ensemble, ces synchronisateurs non-photiques sont moins puissants et leurs effets moins bien déterminés que ceux de la lumière. Le synchronisateur non-photique le plus étudié à ce jour est la mélatonine.

La mélatonine peut entraîner l'horloge circadienne et déplacer son oscillation vers d'autres fuseaux horaires internes. Une courbe de phase réponse a été décrite pour illustrer l'effet d'entraînement circadien de la mélatonine. Cette courbe est presque l'image miroir de la courbe de phase réponse à la lumière. En effet, la prise de comprimés de mélatonine en fin d'après-midi et en soirée avancera les rythmes biologiques à des heures plus précoces, un peu comme un voyage en avion vers l'est. On parle alors d'avance de phase circadienne. En comparaison, leur prise en matinée et en début d'après-midi déplacera les rythmes circadiens vers des heures plus tardives, un peu comme un voyage vers

LES DIFFÉRENTES HORLOGES CIRCADIENNES HUMAINES

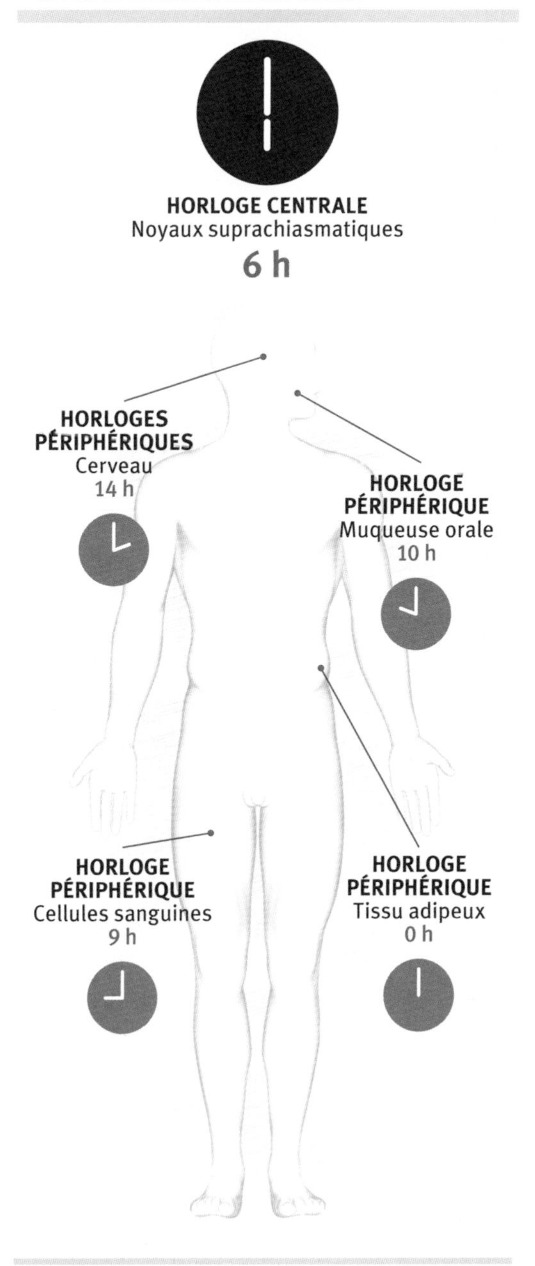

FIGURE 15

Les fondements génétiques des rythmes circadiens

L'étude de plusieurs espèces animales dont l'être humain a permis d'isoler une série de gènes appelés les gènes de l'horloge circadienne. Ceux-ci sont nécessaires pour générer et maintenir la cyclicité circadienne dans un environnement constant (par exemple en noirceur constante sans alternance de jours et de nuits). Ces gènes et les protéines qu'ils encodent font partie intégrante de boucles de rétroaction positives et négatives qui sont à l'origine des rythmes circadiens observés (Cermakian et Boivin, 2003). Chez les mammifères, les gènes de l'horloge circadienne furent d'abord observés dans les noyaux suprachiasmatiques de l'hypothalamus. Mais ces rythmes ont par la suite été décelés dans plusieurs organes du corps comme le foie, le cœur, les reins, ainsi que dans les cellules sanguines et dans d'autres régions du cerveau.

Les scientifiques considèrent que notre système circadien comporte une horloge centrale, située dans les noyaux suprachiasmatiques de l'hypothalamus, et des horloges périphériques situées dans d'autres régions du cerveau et du corps (figure 15). Ces horloges continuent d'ailleurs d'osciller même lorsqu'elles sont étudiées en culture à l'extérieur de l'organisme (Brown et coll., 2008). Dans le corps, l'horloge centrale synchroniserait les horloges périphériques. Les mécanismes par lesquels ce phénomène se produit font actuellement l'objet de recherches. Divers synchronisateurs peuvent exercer des effets différents sur l'horloge centrale et les horloges périphériques. Il est donc possible d'entraîner les horloges périphériques indépendamment de l'horloge centrale en limitant l'accès à la nourriture. D'autres gènes (environ 5 à 10 % de l'ensemble du génome) varient au cours de la journée. Ces gènes contrôlés par les gènes de l'horloge circadienne ont une expression propre à chaque organe. Des recherches intensives tentent de clarifier les rôles de ces rythmes dans la fonction de chaque tissu et leur influence dans l'apparition de diverses maladies. En résumé, ce sont ces gènes circadiens et d'autres gènes régulant l'homéostasie du sommeil qui déterminent nos habitudes de sommeil.

La mélatonine

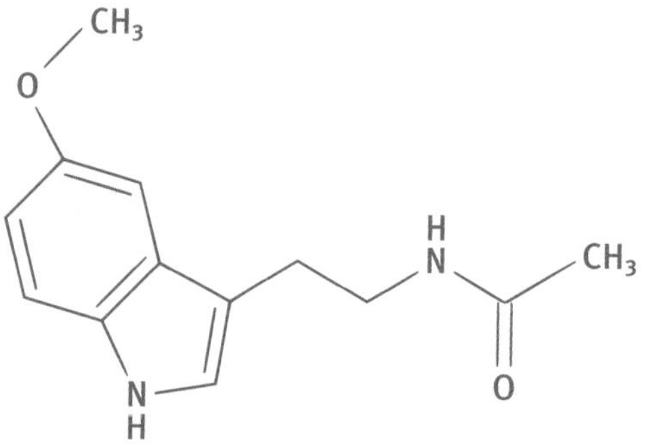

La mélatonine est une hormone sécrétée par la glande pinéale pendant la nuit. Son effet se manifeste dans tout l'organisme par son action sur des récepteurs de mélatonine. On en trouve dans la plupart des organes, glandes et tissus, dans la rétine et dans l'ensemble du système nerveux central, incluant les noyaux suprachiasmatiques. La sécrétion de la mélatonine présente un rythme circadien qui dépend de l'horloge biologique maîtresse, car une série de connexions neuronales indirectes qui passent par la moelle épinière cervicale relie l'horloge biologique à la glande pinéale (figure 13). La sécrétion de la mélatonine signalerait à l'organisme le début et la fin de la période nocturne.

Bien que la mélatonine soit une hormone, on peut se la procurer librement sous forme de comprimés dans les sections de produits naturels de plusieurs pharmacies. Malgré cette accessibilité très facile, les effets à long terme sur la santé, l'horaire d'administration et les doses optimales de mélatonine n'ont pas fait l'objet d'études systématiques. Les doses testées dans les études scientifiques varient de 0,3 à 10 mg, et leur prise s'étale sur plusieurs jours.

La mélatonine exerce deux effets principaux sur les rythmes humains. D'une part, elle favorise l'endormissement et le maintien du sommeil. On parle alors d'effet hypnotique ou sédatif. Cet effet s'accompagne d'une réduction de la température corporelle centrale. La prise de comprimés de mélatonine en plein après-midi (période au cours de laquelle ses niveaux sont indétectables) produira de la somnolence et favorisera le sommeil à ce moment-là. La prise de mélatonine à l'heure du coucher (période au cours de laquelle nous en produisons déjà) aura des effets moins marqués chez un individu en santé. Divers produits pharmaceutiques tels que le ramelteon (interdit de vente, pour l'instant, au Canada) agissent sur les récepteurs de mélatonine et ont été élaborés pour les patients souffrant de troubles du sommeil et des rythmes circadiens.

D'autre part, la mélatonine en comprimés peut déplacer l'horaire des rythmes circadiens, et cet effet dépend de l'heure de prise de la médication. On parle alors d'effet chronobiotique.

l'ouest. On parle alors de retard de phase circadienne. Cela dit, la section « retard de phase » de la courbe de phase réponse à la mélatonine est moins bien définie que la section « avance de phase ».

LES DEUX PROCESSUS DE CONTRÔLE DU CYCLE VEILLE-SOMMEIL

La qualité et la durée du sommeil dépendent d'un équilibre entre deux processus. L'un de ces processus, dit homéostatique, répond à la fatigue accumulée au cours de la journée. Nous dormons donc afin de récupérer de la fatigue de la journée qui est proportionnelle à la durée de la période d'éveil, soit le temps écoulé depuis qu'on est éveillé. La pression au sommeil sera davantage accrue si un manque de sommeil était déjà présent. Ce processus est aussi appelé le processus S, pour sommeil.

L'autre processus est qualifié de circadien – ou processus C – et est influencé par l'horaire de sommeil. L'horloge biologique envoie des signaux de sommeil très forts en fin de nuit, environ une à deux heures avant l'heure habituelle du lever. Inversement, elle envoie des signaux très forts d'éveil en fin de journée, environ une à deux heures avant l'heure habituelle du coucher. Cet horaire d'influence circadienne, de prime abord surprenant, représente en fait le complément idéal au processus homéostatique de sommeil.

Nous nous endormons le soir parce que nous avons accumulé de la fatigue importante au cours de la journée – c'est le processus S. Nous évacuons cette fatigue surtout dans la première moitié de la nuit, mais nous dormons quand même pendant environ huit heures grâce à notre horloge biologique qui envoie de forts signaux de sommeil en fin de nuit – c'est le processus C. Nous nous levons reposés le matin et nous pouvons fonctionner en matinée parce que nous avons bien dormi la nuit précédente (processus S). En fin de journée, nous avons à nouveau accumulé passablement de fatigue, mais nous parvenons à demeurer encore éveillés, car notre horloge biologique prend la relève et envoie des signaux d'éveil de plus en plus forts (processus C). Au cours de la journée, les processus S et C prennent la relève à tour de rôle afin de nous permettre de demeurer éveillés pendant seize heures d'affilée. Ils font de même la nuit, ce qui nous permet de dormir huit heures consécutives, quand tout va bien...

Certaines personnes ressentent une baisse d'énergie après le repas du midi. C'est qu'à ce moment, une fatigue de plusieurs heures est déjà accumulée alors que l'horloge biologique n'est pas tout à fait réveillée, et le processus de digestion peut accentuer ce phénomène d'endormissement appelé le « coup de barre postprandial », ou en anglais le *post-lunch dip* (chapitre 5).

LES TROUBLES DES RYTHMES CIRCADIENS

Une « musique circadienne » bien orchestrée est l'apanage d'une bonne santé physique et mentale. Lorsqu'un rythme circadien se manifeste au mauvais moment par rapport aux autres, de « fausses notes » se font entendre. La mécanique normalement bien huilée de l'horloge circadienne devient moins efficace. Cette situation se produit quand une personne voit ses rythmes biologiques naturels perturbés par un mode de vie particulier ou pour des raisons physiologiques.

Le premier type de troubles des rythmes circadiens est celui des troubles dits extrinsèques, car ils sont la conséquence de perturbations extérieures au système circadien lui-même. Le deuxième type est celui des troubles dits intrinsèques, car ils découlent d'une perturbation biologique interne du système circadien. Par exemple, les difficultés d'ajustement au travail de nuit et au décalage horaire sont des troubles extrinsèques des rythmes circadiens. Les troubles intrinsèques comprennent pour leur part les troubles d'horaire de sommeil extrême et d'horaire veille-sommeil irrégulier. Nul doute que les progrès technologiques qui ont été permis par l'invention de l'électricité et de l'ampoule électrique, ainsi que la vie moderne contribuent pour beaucoup à la perturbation des habitudes de sommeil de l'être humain d'aujourd'hui. Il y a bien longtemps, « minuit » signifiait le milieu de la nuit... Aujourd'hui, plusieurs d'entre nous ne sont pas encore couchés à cette heure, alors que d'autres sont en route pour aller travailler !

LE TRAVAIL DE NUIT ET À HORAIRES ROTATIFS

Lorsqu'un individu reste éveillé toute la nuit et dort le jour, il impose à son organisme d'être actif à un moment où celui-ci est programmé pour dormir, et de dormir à un moment où celui-ci est programmé pour être éveillé. Le sommeil de jour des travailleurs de nuit est souvent plus court et davantage perturbé que celui des travailleurs de jour. Une étude menée par Statistique Canada révèle que 34 % des travailleurs par quarts de travail déclarent avoir eu des problèmes à s'endormir et à rester endormis, comparativement à 26 % des travailleurs ayant un horaire régulier de jour (Hurst, 2008). Le travailleur de nuit s'endort souvent facilement le matin parce qu'il a accumulé une fatigue importante au cours de la journée précédente et de sa nuit de travail. En revanche, il s'éveille souvent prématurément, car son horloge biologique envoie à son cerveau des signaux d'éveil qui sont de plus en plus forts en fin de matinée et en après-midi. Les travailleurs de nuit accumulent ainsi une dette quotidienne de sommeil variant entre une et trois heures. En plus d'avoir un sommeil écourté de plusieurs heures, la structure de leur sommeil de jour est perturbée comparativement à celle qu'on obtient la nuit. Il n'est pas rare, pour les travailleurs de nuit, de dormir en plusieurs périodes de sommeil entrecoupées entre leurs quarts de travail.

La nuit, le travailleur tente d'être performant alors que son horloge biologique envoie des signaux de sommeil puissants. Ces signaux combinés à la fatigue importante due au manque de sommeil accumulé et à la période d'éveil prolongée altèrent les degrés de vigilance et détériorent les acuités physique et mentale du travailleur. Le risque d'erreurs et d'accidents est alors plus élevé, particulièrement en fin de nuit. Ces risques augmentent avec la durée des quarts de travail et le manque de repos (Boivin et coll., 2010). Les plus récentes données canadiennes (2006) indiquent que la fatigue au volant serait en cause dans près de 22 % des accidents mortels et dans 20 % de tous les accidents occasionnant des blessures corporelles. Des études effectuées sur des mécaniciens de locomotive indiquent

que ces derniers souffrent de somnolence grave plus de la moitié du temps lorsqu'ils travaillent de nuit. Les médecins résidents fatigués par un horaire de travail surchargé commettraient sept fois plus d'erreurs médicales liées à la fatigue que des médecins résidents plus reposés (Barger, 2006).

Vivre la nuit perturbe l'harmonie qui existe entre les divers rythmes circadiens. Ainsi, un travailleur de nuit sera éveillé alors qu'il sécrète de la mélatonine, laquelle contribue à détériorer sa vigilance. Et il tentera de dormir le jour alors qu'il sécrète du cortisol, une hormone du stress, plutôt que de la mélatonine. Il est bien entendu préférable de dormir lorsqu'on sécrète plus de mélatonine et d'être éveillé lorsqu'on sécrète plus de cortisol (comme c'est le cas pour les travailleurs de jour). Avec le temps, les rythmes circadiens peuvent s'ajuster partiellement à un rythme de vie décalé. Mais moins d'un travailleur de nuit sur vingt présenterait une adaptation complète de ses rythmes circadiens au travail de nuit.

LE DÉCALAGE HORAIRE

Les voyageurs qui se déplacent en avion dans l'axe est-ouest traversent rapidement les fuseaux horaires. Ils imposent à leur corps de s'ajuster à un environnement qui est décalé par rapport à leur point de départ. Lors d'un voyage vers l'est (comme un vol de Montréal vers Londres), le corps doit apprendre à se coucher et à se lever cinq heures plus tôt à Londres qu'à Montréal (figure 12). Graduellement, l'horloge biologique centrale ajustera les rythmes du corps pour qu'ils s'harmonisent avec le nouvel endroit. Ce processus d'adaptation a surtout lieu dans le pays d'arrivée. En revanche, ce phénomène n'est pas instantané et il faut compter en moyenne une journée d'adaptation par fuseau horaire traversé avant de connaître une resynchronisation complète.

L'adaptation inverse se produira lors du trajet de retour au point de départ. L'horloge biologique doit alors retarder les rythmes diurnes pour qu'ils oscillent cinq heures plus tard à Montréal comparativement à leur horaire de Londres. Pendant toute la durée de l'adaptation à l'aller comme au retour, les voyageurs vivent une période transitoire de perturbations du sommeil et de l'éveil. On parle alors de troubles liés au décalage horaire (Arendt, 2009). La tolérance des gens au décalage horaire et à la privation de sommeil qui l'accompagne varie grandement d'une personne à l'autre, mais les perturbations ressenties sont toujours plus ou moins importantes selon le nombre de fuseaux horaires traversés. Les voyages vers l'est exigeraient une adaptation plus difficile que les voyages vers l'ouest, mais plus de recherches seront nécessaires pour mieux comprendre ce dernier point.

LES TROUBLES DE L'HORAIRE DE SOMMEIL

Les horaires ou habitudes de sommeil varient beaucoup d'un individu à l'autre (figure 11). Les personnes matinales, ou « du matin », préfèrent se coucher et se lever tôt. Elles sont plus performantes et créatives le matin et donc plus fatiguées en soirée. Les personnes « du soir » préfèrent se coucher et se lever tard. Elles sont plus lentes à démarrer le matin et deviennent plus énergiques en après-midi et en soirée. Elles sont d'ailleurs bien éveillées en soirée et se couchent tard. Toutes les variations se rencontrent entre ces deux types d'horaire de sommeil. Lorsque les habitudes de sommeil sont plus extrêmes et rigides, elles engendrent des difficultés d'adaptation en société. On parle alors de troubles de l'horaire de sommeil. Les patients trop « du soir » souffrent de ce qu'on appelle le désordre de retard de phase de sommeil. Ils mettent plusieurs heures à s'endormir et ont beaucoup de difficulté à sortir du lit le matin. Leur corps s'endort difficilement avant 3 à 6 h le matin et s'éveille difficilement avant 10 à 15 h en journée. Ce type de désordre induit souvent beaucoup d'irrégularité dans l'horaire de sommeil. En particulier, une restriction importante de sommeil survient les jours de travail, avec un rattrapage de sommeil les jours de congé. Cet écart entre l'horaire de sommeil imposé socialement et l'horaire biologique est appelé décalage horaire social (Wittmann et coll., 2006). Il s'agit d'une situation qui peut perturber passablement la qualité de vie des individus et qui s'observe surtout chez les types prononcés du soir.

Une période naturelle de retard de phase de sommeil survient à l'adolescence. L'horloge biologique des adolescents est donc naturellement ajustée à un autre fuseau horaire, beaucoup plus à l'ouest que celui de leurs parents. Pendant la semaine, l'adolescent souffre donc d'une privation importante de sommeil car il doit écourter sa nuit pour assister à ses cours. Il rattrape souvent cette fatigue accumulée en dormant plus tard les fins de semaine. Cette situation peut causer des tensions familiales quand l'adolescent traîne trop au lit... Heureusement, l'horaire de sommeil se régularise en début de vie adulte pour la plupart des personnes. Certains patients gardent toutefois ce modèle décalé de sommeil même adulte, ce qui leur causera des ennuis au travail, à moins d'occuper un poste de soir ou de nuit. On estime qu'environ 7,3 % des adolescents, comparativement à 0,13 à 3,1 % de la population adulte, souffrent d'un désordre de retard de phase de sommeil.

Le désordre d'avance de phase de sommeil est le problème inverse, soit un horaire de sommeil anormalement précoce. Les patients qui en souffrent parviennent difficilement à rester éveillés après 18 à 21 h en soirée. Puis ils se réveillent prématurément entre 2 et 5 h la nuit. Ce désordre affecterait environ 1 % de la population adulte d'âge moyen, et le risque d'en être atteint augmente avec l'âge. On le rencontre généralement chez les patients plus âgés, bien qu'on ait rapporté des cas de certaines familles dont plusieurs membres souffrent du désordre d'avance de phase de sommeil. Il s'agit alors d'un trouble héréditaire affectant les gènes de l'horloge circadienne.

Certains patients présentent un autre trouble particulier et très grave de leur horaire de sommeil, soit un trouble de veille-sommeil différent de vingt-quatre heures. L'horloge biologique de ces patients ne parvient pas à s'ajuster à l'environnement extérieur et évolue « en libre cours » selon ses journées biologiques internes. Ces patients sont en décalage constant avec l'environnement, auquel ils ne parviennent jamais à s'ajuster. Ce trouble affecterait près de 50 % des patients aveugles lorsque ceux-ci sont insensibles à la lumière comme synchronisateur circadien. Des patients voyants en seraient aussi affectés, quoique beaucoup plus rarement.

Il existe enfin un autre trouble des rythmes circadiens, qu'on appelle désordre d'irrégularité du cycle veille-sommeil. Ce trouble est plus généralement observé dans les populations gériatriques vivant en institution. Le sommeil de ces patients est morcelé en trois épisodes de sommeil ou plus, de courte durée, distribués le jour comme la nuit. Une atteinte fondamentale du fonctionnement de l'horloge biologique est soupçonnée. Par exemple, une perte de près de 40 % des neurones a été observée dans les noyaux suprachiasmatiques de patients décédés de la maladie d'Alzheimer. L'analyse du cerveau de ces patients a permis de déceler une perturbation entre l'horloge centrale et des horloges périphériques (chapitre 3).

Les troubles des rythmes circadiens sont typiquement difficiles à traiter. Une révision rigoureuse de l'hygiène de sommeil et de l'horaire de vie devient alors importante (chapitre 4). Une approche de traitement alliant la chronothérapie – basée sur la modification progressive des horaires de sommeil, de l'alimentation et des interactions sociales –, la luminothérapie – basée sur l'utilisation de lampe de lumière vive – et l'emploi de produits tels que la mélatonine ou des somnifères peut être suggérée par le médecin traitant.

Que retenir de ce chapitre ?

- Les rythmes circadiens sont des rythmes biologiques et psychologiques d'environ 24 heures tels que la sécrétion d'hormones, la tendance à dormir et la température corporelle.
- La sécrétion des hormones mélatonine et cortisol suit un rythme circadien bien établi. Les niveaux de mélatonine sont maximaux en pleine nuit alors que ceux de cortisol sont maximaux au lever le matin.
- Nous avons une véritable horloge biologique qui contrôle les rythmes circadiens de notre corps. Située au centre du cerveau, elle est reliée à la rétine par une voie neuronale très puissante, la voie rétino-hypothalamique.
- Notre corps est composé d'une horloge centrale et d'horloges périphériques situées ailleurs dans le cerveau et dans le corps.
- Nos journées biologiques internes diffèrent légèrement de 24 heures. Chaque jour, nous ajustons nos rythmes biologiques internes aux journées terrestres. Pour ce faire, notre horloge biologique décode des signaux du monde extérieur qui lui indiquent l'heure de la journée et la durée des journées terrestres.
- Les troubles des rythmes circadiens s'expriment en tant que difficulté à maintenir un horaire de sommeil socialement acceptable. La cause de ces troubles peut être extérieure au corps, comme pour ceux occasionnés par le travail de nuit ou le décalage horaire, ou découler d'une tendance biologique intrinsèque à vivre sur un autre horaire. Le désordre d'avance ou de retard de phase de sommeil, le cycle veille-sommeil différent de 24 heures et l'horaire veille-sommeil irrégulier en sont des exemples.

À chacun son matin.

CHAPITRE 3

En quête de la fontaine de Jouvence

Le sommeil à tous les âges

Notre sommeil subit des transformations notables au cours de notre vie, tant dans son organisation interne que dans son horaire au fil de la journée. Une variabilité importante existe aussi entre les individus lorsqu'on examine le vieillissement du sommeil. La perte de sommeil lent profond avec l'âge est plus marquée chez les patients qui souffrent de pathologies du sommeil ou de maladies débilitantes comme la maladie d'Alzheimer. L'évolution du sommeil diffère aussi entre les hommes et les femmes. Le présent chapitre permettra de comprendre ces modifications du sommeil au cours de la vie. Cette information est importante pour départager les états qui correspondent à des changements normaux de ceux qui requièrent une intervention médicale.

LE NOURRISSON

Les jeunes parents le savent, le sommeil des nouveau-nés est bien différent de celui des enfants et des adultes. À la naissance, le sommeil n'est pas encore bien organisé en un cycle veille-sommeil de vingt-quatre heures et ne comporte pas les stades de sommeil caractéristiques rencontrés chez l'adulte. Il est plutôt divisé en phases de sommeil calme et actif, et entrecoupé de périodes d'éveil au cours desquelles toute l'attention est portée sur l'apport de nourriture. C'est l'époque du sein ou du biberon. Comme le cerveau humain est complexe, il mettra du temps à acquérir de la maturité, et le sommeil subira des modifications tout au long de ce processus de maturation. L'être humain, une espèce

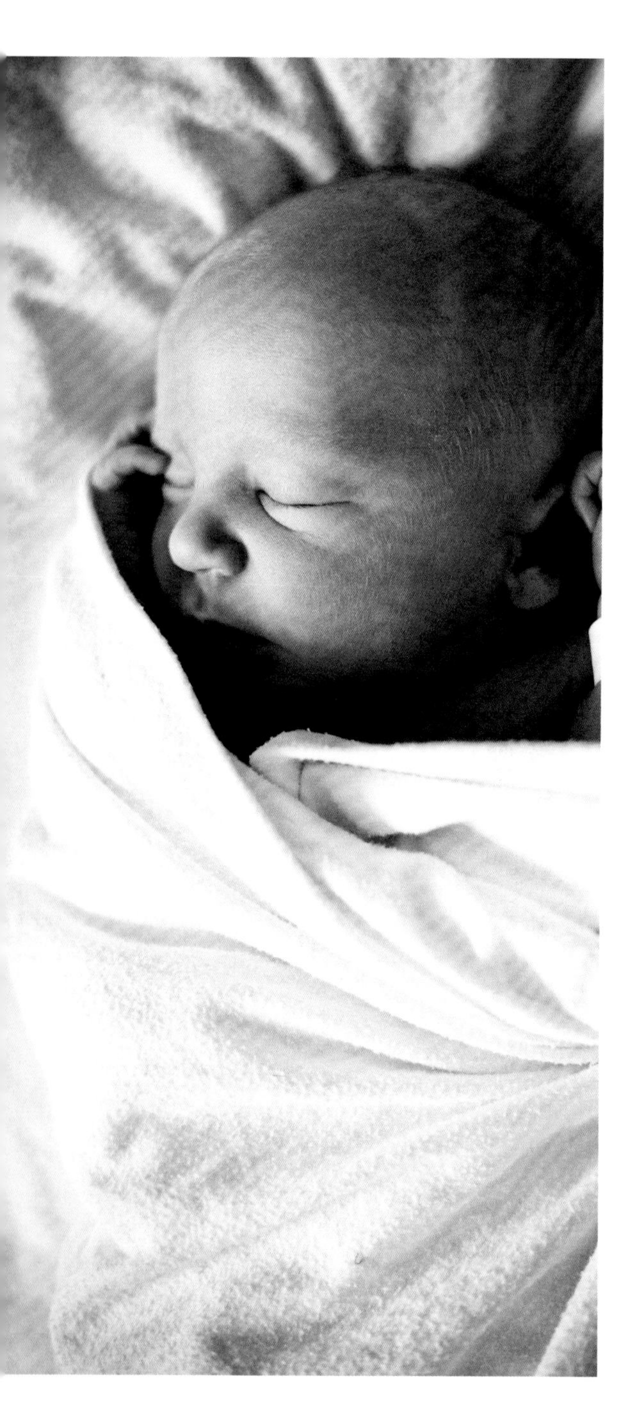

animale dite altriciale (dont la maturation est incomplète à la naissance), passera beaucoup plus de temps en sommeil paradoxal (ou en sommeil actif, pour le nourrisson) que les espèces dites précociales, dont le cerveau est mature dès la naissance. La proportion de temps passé en sommeil paradoxal chez le nouveau-né est donc substantielle, mais elle diminue progressivement au fur et à mesure que le cerveau se développe. Par ailleurs, le nouveau-né passe sans transition de l'état de veille au sommeil paradoxal, ce qui est considéré comme pathologique chez l'adulte.

Entre le deuxième et le sixième mois, les phases du sommeil calme évolueront vers les autres stades de sommeil. Le sommeil lent profond apparaîtra lorsque le cerveau sera suffisamment développé pour générer des ondes lentes de type delta. L'évolution précise des rythmes circadiens n'a pas beaucoup été étudiée chez les nouveau-nés, mais il semble que ce soit vers l'âge de trois mois que le rythme de sécrétion de la mélatonine et du cortisol se dessinerait. L'allaitement permettrait d'exposer le nouveau-né au rythme naturel de sécrétion de la mélatonine de sa mère, car cette hormone est présente dans le lait maternel. On ignore encore si les enfants qui ont été nourris au sein maternel développent plus rapidement leurs rythmes circadiens que les enfants nourris au biberon. Dans l'état actuel des connaissances, il ne faut surtout pas penser à consommer des comprimés de mélatonine si vous allaitez, ou pire, à les administrer au nourrisson. En effet, peu de données sont disponibles sur l'innocuité des comprimés de mélatonine chez le nourrisson. De plus, l'usage de comprimés de mélatonine par la mère peut réduire les taux de prolactine, une hormone importante pour favoriser la production de lait maternel. Les femmes qui planifient une grossesse devraient aussi éviter de consommer des comprimés de mélatonine, car celle-ci pourrait augmenter le risque de troubles de développement de l'enfant.

Il reste donc encore beaucoup de questions concernant l'évolution du sommeil et des rythmes circadiens chez les nouveau-nés. Nous recommandons aux parents de favoriser le plus tôt possible un cycle adéquat d'exposition à la lumière et à l'obscurité. Cette approche permet de mettre rapidement en place de bonnes habitudes d'exposition de l'horloge biologique aux synchronisateurs de l'environnement.

L'ENFANT

Au cours de l'enfance, le sommeil subit d'importantes modifications. Typiquement, le sommeil de l'enfant se caractérise par de très abondants stades de sommeil lent profond. En fait, c'est au cours de l'enfance que l'être humain connaît le plus de sommeil lent profond ; la part de ce type de sommeil par rapport aux autres stades diminue progressivement avec l'âge (Kurt et coll., 2010). Comme nous l'avons vu au chapitre 1, le sommeil lent profond et les ondes lentes qui le caractérisent sont associés à la fonction de récupération du sommeil. Au cours du sommeil lent profond, on note une sécrétion marquée de l'hormone de croissance, laquelle favorise la croissance et la réparation des tissus. Les perturbations du sommeil chez les enfants inquiètent donc les scientifiques en raison des effets néfastes possibles sur leur croissance et leur développement intellectuel. De bonnes habitudes de sommeil, avec des heures de coucher et de lever régulières, et surtout suffisamment de temps pour dormir, sont importantes.

Il faut aussi noter que c'est au cours du sommeil lent profond que surviennent des phénomènes comme les accès de somnambulisme et les terreurs nocturnes (chapitre 9). Ils sont d'ailleurs très fréquents chez l'enfant et accompagnent la maturation de son cerveau, puisque cette phase de la vie se caractérise par une quantité très importante de sommeil lent profond.

Le seuil requis pour éveiller un enfant en sommeil lent profond est assez élevé et une confusion est souvent notée au réveil. Cette confusion est également nommée inertie du sommeil. Celle-ci explique qu'il faille un certain temps à un enfant pour bien s'éveiller une fois qu'il est profondément endormi. Par ailleurs, il n'y a pas de danger à réveiller un enfant au cours d'un accès de somnambulisme et il ne faut pas hésiter à le faire si l'enfant est en situation dangereuse, par exemple s'il est sur le point de sauter par une fenêtre. Heureusement, ces situations sont rares chez l'enfant. Il est aussi possible de tenter de suggérer à l'enfant encore à demi endormi de retourner se coucher dans sa chambre et de le rassurer en niant la présence de monstres sous le lit ou dans le placard. Les peurs nocturnes peuvent parfois évoluer vers une stratégie pour gagner le lit des parents, mais il est important que l'enfant apprenne à dormir seul. Un bon équilibre entre le réconfort et la fermeté aidera à gérer ces épisodes.

Il est également important pour l'enfant et ses parents d'établir une routine régulière de coucher et de lever. Les enfants qui se couchent après 21 h ou à des heures variables ont environ deux fois plus de risques de manquer de sommeil que les enfants se couchant plus tôt ou à des heures régulières (Owens et coll., 2011).

L'ADOLESCENT

Les adolescents traversent à la puberté une période de changements hormonaux intenses avec lesquels ils doivent apprendre à vivre. Leur corps se transforme au cours de cette période et ils sont en proie à des questionnements personnels et à un désir d'indépendance par rapport à leurs parents. Leurs désirs sexuels s'accentuent et leurs centres d'intérêt et interactions sociales évoluent. Cette période comporte souvent des tensions avec les membres de la famille et les pairs. Leurs habitudes de sommeil se transforment aussi passablement, et ce nouvel horaire de sommeil est en fait un désordre de retard de phase de sommeil, comme on l'a vu au chapitre 2. Il s'agit d'une période normale de transformation de l'horaire de sommeil qui est la plupart du temps transitoire et liée à la puberté. Cette période se caractérise par une tendance naturelle à se coucher et à se lever à des heures plus tardives et décalées par rapport aux normes sociales.

Le sommeil des adolescents semble donc mieux adapté à celui des adultes vivant

SOMMEIL 101 POUR ADOLESCENTS BOUTONNEUX*

1. Suivez les conseils énumérés dans les « Dix commandements de l'insomniaque » (chapitre 4).
2. Demeurez dans les plus faibles niveaux de luminosité possibles en soirée.
3. Exposez-vous à la lumière solaire en début de journée, particulièrement en fin de matinée et en début d'après-midi.
4. Planifiez votre entraînement physique tôt au cours de la journée. Évitez des pratiques intensives et joutes de sport en fin de soirée.
5. Évitez de jouer sur Internet tard le soir.
6. Éteignez les cellulaires et déconnectez-vous des SMS la nuit.
7. Tentez de vous détendre si vous vous réveillez la nuit. Évitez les activités stimulantes comme le visionnement de films d'action et l'utilisation d'Internet.
8. Décorez votre chambre pour qu'elle soit un lieu de détente et de repos. Faites vos devoirs et regardez vos films dans une autre pièce.
9. Évitez de consommer un excès de boissons énergisantes le jour.
10. Demeurez le plus régulier possible dans votre horaire de sommeil les fins de semaine et les jours de semaine.

*Les boutons témoignent de la poussée d'hormones.

FIGURE 16

sous des fuseaux horaires plus à l'ouest que le leur. Par exemple, un adolescent vivant à Montréal ou à Québec pourrait s'endormir naturellement au même moment qu'un adulte vivant à Vancouver ou en Californie. Les causes de ces changements requièrent plus de recherches scientifiques. Elles pourraient découler d'une augmentation transitoire de la durée des journées biologiques internes, d'une exposition à la lumière plus tard le soir, d'une sensibilité altérée à l'effet de la lumière sur l'horloge biologique ou d'une résistance accrue au manque de sommeil (Hagenauer et coll., 2009). L'adolescent continue cependant de vivre dans une société qui exige qu'il se lève à des heures plus précoces que celles qui sont déterminées par son horloge biologique. Typiquement, l'adolescent cumule une dette importante de sommeil au cours des jours de semaine à cause de ses obligations scolaires. Cette situation peut d'ailleurs affecter grandement son attention en classe, sa rétention des connaissances à long terme et ses rendements scolaires. La fin de semaine, l'adolescent a tendance à dormir beaucoup plus tard le matin pour récupérer le sommeil perdu au cours de la semaine. Le coucher et le lever sont fréquemment décalés de plusieurs heures les samedis et dimanches à cause de l'absence de contraintes sociales. Ces jours-là, l'adolescent peut entreprendre des activités qui exacerbent davantage sa tendance à s'endormir plus tard – par exemple, jouer à des jeux vidéo ou sur l'ordinateur une bonne partie de la nuit.

Cette situation aggrave souvent les tensions familiales, car l'adolescent est perçu comme un paresseux désorganisé qui traîne au lit pendant la journée. Une discussion entre parents et adolescent sur les fondements biologiques du désordre de retard de phase de sommeil peut être bénéfique pour tous les membres de la famille. Il faudrait en outre limiter le plus possible les grands écarts dans l'horaire de sommeil entre la semaine et le week-end. En effet, plus les heures de coucher et de lever sont tardives la fin de semaine, plus l'adolescent est exposé tard à la lumière. Cet horaire décalé d'exposition à la lumière repousse davantage l'horloge biologique vers des heures tardives (comme un voyage en avion vers l'ouest). Il est par conséquent d'autant plus difficile pour l'adolescent de se réajuster à un horaire socialement acceptable le dimanche soir venu.

Il est possible de modifier son horaire d'exposition à la lumière pour améliorer l'ajustement de son horloge biologique à son environnement. Cette approche consiste à augmenter l'exposition à la lumière vive le matin et à réduire les niveaux de luminosité en soirée. En théorie, on pourrait même considérer l'emploi de lampes de luminothérapie ; cette approche fait d'ailleurs l'objet de recherches. Pour le moment, ce traitement est plutôt recommandé pour soigner des troubles persistants des rythmes circadiens. Une révision adéquate des habitudes de sommeil semble appropriée, à cet âge, afin d'éviter que la situation s'aggrave (figure 16). Une promenade matinale au lever serait aussi bénéfique, mais encore faut-il réussir à motiver l'adolescent !

LE JEUNE ADULTE

Au-delà des brumes de l'adolescence pointent enfin l'âge adulte et le libre accès aux bars de toutes sortes. Ah ! la vingtaine ! De nos jours, peu de jeunes adultes fonderont une famille dès cette époque de leur vie. La plupart d'entre eux sont encore aux études ou occupent un emploi rémunéré. En général, les jeunes adultes ont un bon sommeil et leur horaire de sommeil décalé se rétablit. Les heures du coucher et du lever ont tendance à se régulariser et sont grandement influencées par les activités sociales de l'adulte. Toutefois, un grand nombre de jeunes adultes sont actifs socialement et se couchent plus tard les fins de semaine. On remarque alors chez plusieurs (surtout lorsqu'ils ont peu d'obligations sociales) un horaire de sommeil décalé comme à l'adolescence. C'est d'ailleurs dans cette population d'adultes qu'on retrouve le plus grand risque de désordre de retard de phase de sommeil. Ce désordre fait en sorte que les jeunes adultes affectés souffrent de troubles de l'endormissement et de difficultés à sortir du lit le matin.

L'HOMME COMPARÉ À LA FEMME

À l'âge adulte, on note certaines différences entre le sommeil des hommes et celui des femmes. Les femmes de tout âge ont tendance à dormir un peu plus que les hommes. Elles risquent pourtant deux fois plus qu'eux de souffrir d'insomnie. Des facteurs hormonaux semblent contribuer à expliquer cette observation. Des variations hormonales et de température corporelle surviennent au cours du cycle menstruel (figure 17). Des récepteurs d'œstrogènes, de progestérone et de testostérone se trouvent d'ailleurs sur les neurones des noyaux suprachiasmatiques de l'hypothalamus, la pièce maîtresse de l'horloge biologique. On remarque aussi que la structure des ondes cérébrales au cours du sommeil varie en fonction du cycle menstruel. Par exemple, on note plus d'ondes rapides de type bêta, ce qui indique un état de sommeil plus

léger en phase lutéale. On constate alors plus de fuseaux de sommeil, qui résultent de boucles d'activation entre des zones profondes du cerveau (le thalamus) et des zones superficielles (le cortex cérébral). Ces dernières pourraient témoigner d'un rôle protecteur de la progestérone au cours de cette phase du cycle menstruel.

Certains indices suggèrent des différences entre les rythmes circadiens des hommes et des femmes. Par exemple, les femmes ont tendance à se coucher et à se lever plus tôt, et donc à être plus matinales que les hommes. La sécrétion de la mélatonine se fait en moyenne plus tôt, au cours de l'épisode de sommeil, chez les femmes que chez les hommes (Cain et coll., 2010). Des études récentes ont démontré que la durée des journées biologiques des femmes est en moyenne de six minutes plus courte que la durée de celles des hommes (Duffy et coll., 2011). Cette différence pourrait expliquer en partie le décalage à des heures plus précoces des rythmes circadiens des femmes. Ces études ont également révélé qu'environ une femme sur trois, comparativement à un homme sur sept, a des journées biologiques plus courtes que vingt-quatre heures. Plus d'études seront requises pour comprendre les différences entre les hommes et les femmes quant au fonctionnement de leurs horloges biologiques et à leurs répercussions sur leur sommeil. Il s'agit là d'un point important, car les femmes sont deux fois plus nombreuses que les hommes à souffrir d'insomnie (Buysse et coll., 2008). Or, on sait que les perturbations du sommeil sont un facteur de risque dans l'apparition de la dépression (chapitre 6).

Au cours de la vie, les femmes traversent des changements importants liés à leur système reproducteur. En effet, à la fin de la quarantaine ou au début de la cinquantaine, leur système reproducteur cesse progressivement de fonctionner. Une période de préménopause précède la ménopause et se caractérise par des cycles menstruels irréguliers et de plus en plus espacés. Le verdict de ménopause est officiellement prononcé lorsque les périodes menstruelles ont cessé depuis au moins douze mois. Ces changements sont associés à des transformations physiques qui peuvent aussi perturber la qualité du sommeil. Des troubles d'insomnie sont en effet rapportés par 40 à 50 % des femmes ménopausées, comparativement à 30 % des femmes en âge de reproduction. Malgré ces changements hormonaux, la quantité de sommeil lent profond semble se préserver jusqu'à un âge plus avancé chez les femmes que chez les hommes. Des études révèlent même une augmentation de la durée du sommeil et du sommeil lent profond mais une diminution de la satisfaction par rapport au sommeil dans cette période (Sowers et coll., 2008). Parmi les facteurs perturbateurs du sommeil, on note les bouffées de chaleur, qui respectent peu le confort des femmes. Elles surgissent à répétition au cours de la nuit comme du jour, et peuvent grandement perturber le sommeil. Il peut être utile de discuter de ces malaises avec son médecin, qui pourrait suggérer l'emploi d'un somnifère ou l'hormonothérapie de remplacement – soit la prise d'hormones pour contrecarrer les malaises liés à la chute des hormones naturelles avec l'âge.

TEMPÉRATURE, HORMONES ET SOMMEIL AU COURS DU CYCLE MENSTRUEL

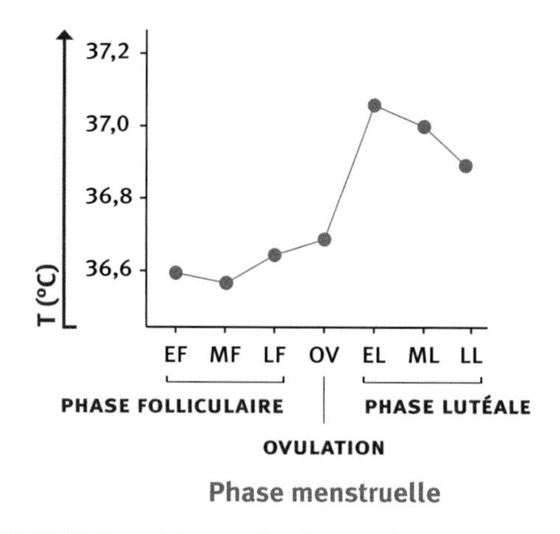

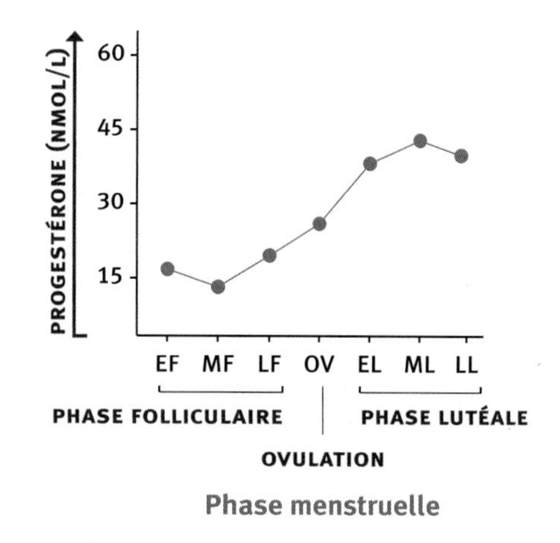

FIGURE 17

Adapté de Schechter et coll., 2012.

Avis aux conjoints : des sautes d'humeur et de l'irritabilité peuvent survenir pendant cette phase de la vie des femmes, et ce changement de caractère risque d'être aggravé par les perturbations du sommeil.

L'ADULTE D'ÂGE MÛR

Aujourd'hui, les gens fondent souvent leur famille plus tard que l'avaient fait leurs grands-parents. Le sommeil des nouveaux parents qui ont un premier enfant alors qu'ils sont âgés de trente-cinq à quarante-cinq ans a déjà commencé à se transformer. Il est plus fragile qu'à l'âge de vingt-cinq ans, et cela avant même l'arrivée du nouveau-né, de ses tétées nocturnes et du festival des nuits blanches. Des changements mesurables surviennent en effet dans la structure du sommeil après la trentaine (Carrier et coll., 2011). Au fil des années, le sommeil s'appauvrit en sommeil lent profond, et son efficacité chute chez la plupart des personnes. L'horaire de sommeil se modifie avec l'âge et les gens ont tendance à s'endormir et à s'éveiller plus tôt. Le processus de vieillissement du sommeil est en fait progressif, évolutif, il débute dès le jeune âge, et la vitesse à laquelle ce processus s'opère varie selon les individus. Il est accéléré chez certaines personnes et plus lent chez d'autres. Il est difficile de bien cerner les facteurs contribuant aux variabilités individuelles dans le processus de vieillissement du sommeil, mais on recommande assurément une bonne hygiène de

vie et la réduction des facteurs de risque de maladies, dont le tabagisme, la consommation excessive d'alcool ou de drogues et la sédentarité.

L'AÎNÉ

Le processus de vieillissement du sommeil se poursuit et s'accentue au fil de la vie. Après l'âge de soixante ans, le sommeil est plus léger, parsemé d'éveils fréquents, et moins riche en fuseaux de sommeil et en sommeil lent profond. La diminution du sommeil lent profond pourrait témoigner d'un remodelage perturbé, au cours du sommeil, des connexions synaptiques entre les neurones. Il s'agit d'un processus important de récupération cérébrale (chapitre 5) dont l'affaiblissement avec l'âge pourrait contribuer au déclin cognitif observé au fil du vieillissement d'une personne. Pour sa part, la proportion de sommeil paradoxal se maintient assez bien chez les aînés en santé. Elle chute toutefois radicalement chez ceux qui présentent des problèmes cognitifs de type démence. Une grande variabilité dans la qualité du sommeil est donc observée entre les individus et celle-ci est souvent affectée par les problèmes de santé que les gens développent en vieillissant. Avec l'âge, les périodes de la journée au cours desquelles il est plus facile de s'endormir se déplacent à des heures plus précoces et cet horaire devient plus rigide.

En vieillissant, plusieurs personnes se plaindront de fatigue au cours de la journée et s'adonneront à des siestes diurnes, surtout si elles ont l'occasion d'en faire. Cela dit, la quantité totale de sommeil obtenu par vingt-quatre heures semble se maintenir assez bien avec l'âge. L'horloge biologique ne fait que se repositionner différemment par rapport à l'horaire de sommeil. Le pic de sécrétion de la mélatonine est observé plus tôt au cours de la journée, mais plus tard dans l'épisode de sommeil, chez les personnes âgées comparativement aux plus jeunes. Cette observation peut être liée à une sensibilité réduite à l'influence de la lumière sur l'horloge biologique. En comparaison, la durée des journées biologiques internes est assez stable tout au cours de la vie. Plusieurs études ont fait état d'une réduction de l'amplitude de plusieurs rythmes diurnes avec l'âge, dont ceux de la température corporelle et de la sécrétion de la mélatonine, du cortisol et de l'hormone de croissance. Parallèlement, une controverse persiste quant à savoir si les personnes en santé voient leurs rythmes circadiens battre la cadence moins vigoureusement en vieillissant. On a toutefois rapporté des cas de « super vieillards » ayant de très beaux rythmes circadiens même à un âge avancé ! Enfin, avec l'âge, on assiste à une augmentation des risques de développer des pathologies du sommeil comme l'apnée du sommeil (chapitre 8) et les mouvements périodiques des jambes au cours du sommeil (chapitre 9).

LE SOMMEIL ET LA MALADIE D'ALZHEIMER

La maladie d'Alzheimer est une maladie dégénérative du cerveau qui aboutit à une démence grave. Environ un Canadien sur vingt âgés de plus de soixante-cinq ans et un sur quatre après l'âge de quatre-vingt-cinq ans en sont atteints. C'est à l'autopsie qu'on confirme le diagnostic, car le cerveau de patients décédés de cette maladie comporte de nombreuses plaques amyloïdes et des enchevêtrements neurofibrillaires qui contribuent à la mort des neurones. Ce processus est marqué dans le cortex cérébral, surtout dans les régions frontales et médio-temporales, des régions du cerveau importantes pour le raisonnement intellectuel, le langage, l'apprentissage et la mémoire.

La démence progressive est l'aspect le plus dévastateur de la démence sénile de type Alzheimer. Les perturbations du cycle veille-sommeil sont importantes chez les personnes atteintes et leur sommeil se détériore rapidement avec l'évolution de la maladie et le déclin de leurs fonctions cognitives. La plupart des patients souffrant de la maladie d'Alzheimer présentent des perturbations dans l'organisation diurne de leur comportement. Plusieurs sont agités à l'heure du coucher, un phénomène invalidant appelé *sundowning syndrome*, ou « syndrome du coucher de soleil ». Il s'agit d'une situation génératrice de beaucoup d'anxiété et difficile à gérer pour la famille. D'ailleurs, les troubles du sommeil représentent l'une des causes les plus fréquentes d'institutionnalisation des patients.

Les changements du sommeil observés avec l'âge sont plus marqués dans la maladie d'Alzheimer que chez les aînés sains. On observe chez les patients des perturbations du sommeil plus marquées que celles qui sont associées au vieillissement normal du cerveau. On remarque par exemple une réduction prononcée du sommeil lent profond, la disparition presque complète du sommeil de stade 2 et une réduction radicale des fuseaux de sommeil et des complexes K qui le caractérisent. Le sommeil lent profond et celui de stade 2 sont remplacés par un sommeil plus léger de stade 1. Un ralentissement général de l'activité cérébrale est visible sur électroencéphalogramme, tant durant les périodes d'éveil que pendant le sommeil. Ce ralentissement est particulièrement marqué au cours des phases de sommeil paradoxal, les phases typiques du rêve.

Une fragmentation du cycle veille-sommeil est fréquente dans la maladie d'Alzheimer et suggère une atteinte fondamentale des rythmes circadiens. Sur le plan anatomique, on note des changements importants aux noyaux

LE CORTEX CINGULAIRE

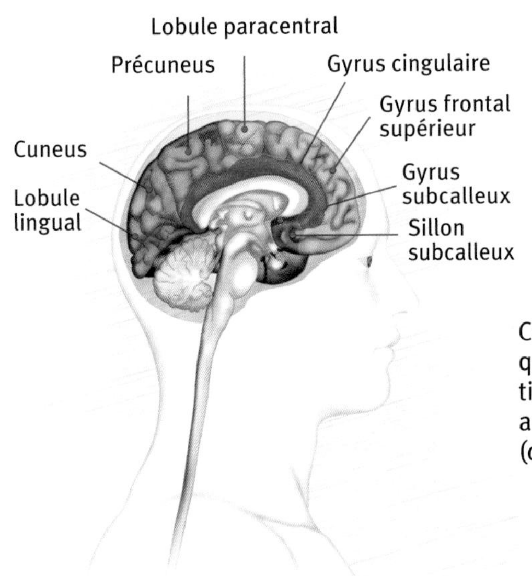

Composante importante du système limbique, qui régit le traitement des émotions, l'apprentissage et la mémoire, le cortex cingulaire est aussi impliqué dans les fonctions exécutives (des processus cognitifs de haut niveau).

FIGURE 18

suprachiasmatiques de l'hypothalamus, la composante centrale de l'horloge biologique. Le volume des noyaux suprachiasmatiques diminue chez tous les humains avec l'âge. Chez les personnes en santé, c'est surtout après l'âge de quatre-vingts ans que le volume de cette structure et le nombre de neurones qui la composent se distinguent de ceux qu'on peut observer avant l'âge de vingt ans. Chez les patients souffrant de la maladie d'Alzheimer, la taille des noyaux suprachiasmatiques est de 50 % inférieure à celle qu'on observe chez les personnes qui n'ont pas cette maladie. Cette réduction de la taille des noyaux va de pair avec une chute du nombre de neurones qui la composent. La courbe de sécrétion de mélatonine est aussi réduite radicalement dans la maladie d'Alzheimer.

Notre groupe de recherche a récemment procédé à l'analyse du cerveau de patients décédés de la maladie d'Alzheimer pour le comparer à celui de patients décédés d'une autre cause (Cermakian et coll., 2011). Cette étude a révélé la présence d'horloges circadiennes dans d'autres régions du cerveau humain que les noyaux suprachiasmatiques, telles que le cortex cingulaire (figure 18) et les noyaux du lit de la strie terminale, régions importantes dans la prise de décision et l'organisation du comportement. Dans la maladie d'Alzheimer, ces horloges semblent désynchronisées l'une par rapport à l'autre et par rapport à l'horloge centrale. Ces observations confirment que des changements fondamentaux en rapport avec les rythmes circadiens accompagnent cette maladie.

Connaître les modifications naturelles du sommeil au cours de la vie permet d'identifier adéquatement les situations qui dévient de la normale. Cela nous permet aussi de maintenir des attentes réalistes en regard de notre sommeil. Vouloir dormir comme un bébé jusqu'à un âge avancé génèrera plus d'anxiété et de frustration que de bienfaits. La meilleure attitude à adopter pour dormir le mieux et le plus longtemps possible est de conserver la meilleure hygiène de vie possible. Malgré tout notre bon vouloir, il se peut que des troubles d'insomnie s'installent. C'est le sujet du prochain chapitre.

Que retenir de ce chapitre ?

- Le sommeil et son horaire subissent d'importantes modifications avec l'âge.
- Un désordre de retard de phase de sommeil apparaît de manière transitoire à l'adolescence et peut générer des tensions dans l'entourage.
- Les jeunes adultes risquent davantage de présenter un retard de leur horaire de sommeil comparativement aux personnes plus âgées qui ont tendance à se coucher et se lever plus tôt.
- C'est à la naissance et au cours de l'enfance qu'on retrouve la plus grande quantité de sommeil paradoxal et de sommeil lent profond, respectivement.
- Les femmes de tout âge dorment un peu plus que les hommes. Par contre, elles sont plus sujettes aux insomnies. Des facteurs hormonaux semblent en cause et affecteraient les processus circadien et homéostatique du sommeil.
- Les aînés en santé ont un sommeil et des rythmes circadiens en meilleur état que ceux qui développent des maladies débilitantes.

Quand dodo devient boulot, boulot devient dodo.

CHAPITRE 4

Quand on manque le bateau

L'insomnie et vous

L'insomnie chronique est de loin le trouble du sommeil le plus fréquent. Il affecte les patients leur vie durant. On estime qu'environ 30 à 50 % des adultes présentent à un moment ou un autre des symptômes d'insomnie, et que chez plus de 10 % d'entre eux ces problèmes sont graves et persistants (Budhiraja et coll., 2011). Le risque de développer de l'insomnie augmente en présence de conditions médicales. Le manque quotidien de sommeil qui fait partie intégrante du tableau d'insomnie chronique a des impacts négatifs majeurs sur la qualité de vie des patients et augmente leur risque d'être atteints de troubles d'ordres psychologique et physique. L'insomnie chronique a donc des conséquences socioéconomiques sérieuses car elle augmente le risque de développer divers problèmes de santé, diminue la qualité de vie et la productivité au travail et augmente le risque d'absentéisme et d'accidents routiers (Daley et coll., 2009). Bien comprendre les facteurs qui influencent et perturbent le sommeil permettra donc de mieux contrôler les risques de maladies. Ce chapitre fait un tour d'horizon des causes de l'insomnie et fournit des conseils simples pour mieux dormir. On ne réglera probablement pas tous les problèmes avec ce chapitre, mais les conseils qu'il contient pourraient rendre la nuit plus facile à beaucoup de gens.

QU'EST-CE QUE L'INSOMNIE ?

On définit l'insomnie comme une difficulté répétée à s'endormir et à rester endormi malgré un contexte adéquat au sommeil. On considère qu'un patient souffre d'insomnie s'il présente une dette répétée de sommeil qui affecte son fonctionnement au cours de la journée. Pour la population en général, on évalue qu'un épisode de sept à neuf heures de sommeil par nuit représente une durée optimale. Il s'agit toutefois d'une moyenne, car les besoins de sommeil varient d'une personne à l'autre. En effet, certaines personnes se satisfont de nuits de moins de six heures sans souffrir outre mesure des conséquences d'un manque de sommeil. On considère ces personnes comme de petits dormeurs naturels. En comparaison, d'autres individus ont besoin d'au moins neuf heures de sommeil par nuit pour se sentir complètement reposés. Huit heures de sommeil nocturne ne combleraient donc pas totalement les besoins de ces derniers, alors qu'elles causeraient une « indigestion de sommeil » chez un petit dormeur naturel. Il faut souligner que l'insomnie n'est pas un diagnostic en soi, mais bien une plainte médicale. En présence d'insomnie, il faut en rechercher les causes afin de pouvoir corriger le problème à la source.

QU'EST-CE QUI CAUSE L'INSOMNIE ?

Plusieurs troubles du sommeil, maladies physiques, troubles psychologiques et psychiatriques, et styles de vie peuvent entraîner de l'insomnie (figure 19). Il convient de les identifier afin de pouvoir traiter la cause du problème. Dans la grande majorité des cas, l'insomnie apparaît à la suite d'une période difficile dans la vie de la personne et se maintiendra de manière autonome. Pendant la période difficile (comme après le décès d'un être cher), la personne a de la difficulté à dormir et se sent épuisée au cours de la journée. Ce manque de sommeil et cette fatigue deviennent un problème à part entière. La personne se préoccupe alors de son manque de sommeil et de ses nuits blanches, qui ne font qu'aggraver sa souffrance. Une fois la période difficile traversée, il arrive que les nuits blanches se poursuivent sans raison apparente. La personne développe alors une préoccupation accrue quant à son insomnie et aux répercussions néfastes pour sa santé physique et mentale d'un manque chronique de sommeil. Un cercle vicieux se crée alors et l'insomnie s'installe. Lorsque les causes connues pouvant occasionner de l'insomnie sont écartées, on parle d'insomnie psychophysiologique chronique. De mauvaises attitudes et perceptions par rapport au sommeil sont implantées. Une révision rigoureuse de l'hygiène de sommeil peut alléger la souffrance de plusieurs patients aux prises avec de l'insomnie chronique.

Il faut souligner que l'insomnie est beaucoup plus un trouble de l'éveil que du sommeil. Les patients insomniaques présentent en effet des indices d'une hyperactivité de leurs mécanismes d'éveil,

CONDITIONS POUVANT CRÉER DE L'INSOMNIE

L'insomnie n'est pas considérée comme un diagnostic en soi mais plutôt l'expression d'un problème sous-jacent.

Pathologie du sommeil

Insomnie psychophysiologique chronique	Insomnie associée à un niveau élevé de tension musculaire et psychologique la nuit. Elle s'exprime comme une difficulté d'endormissement, des éveils nocturnes, un sommeil non réparateur et une fatigue diurne.
Mouvements périodiques des jambes au cours du sommeil et syndrome des jambes sans repos	Difficulté d'endormissement reliée à une sensation de fourmillement dans les jambes. Sommeil perturbé la nuit par les mouvements des jambes.
Apnée du sommeil	Le trouble d'apnée du sommeil amène souvent de la somnolence diurne. Bon nombre de patients vivent aussi un sommeil nocturne perturbé par les arrêts respiratoires.
Troubles des rythmes circadiens	Troubles d'horaire de sommeil avec insomnie aux heures désirées de sommeil. L'insomnie se manifeste généralement par une difficulté d'endormissement ou encore un réveil matinal précoce.

Condition psychologique/psychiatrique

Stress, anxiété	Difficultés d'endormissement, éveils nocturnes, sommeil non réparateur.
Dépression	Insomnie, souvent avec éveils matinaux précoces et humeur triste le matin.
Maladie affective bipolaire	Insomnie, réduction du besoin de sommeil et énergie débordante en phases d'hypomanie et de manie.
Syndrome de stress post-traumatique	Sommeil nocturne perturbé et cauchemars.
Trouble dysphorique prémenstruel	Insomnie ou hypersomnie.
Schizophrénie	Horaire de sommeil souvent décalé, sommeil plus léger et moins réparateur.

Condition médicale

Reflux gastro-œsophagien	Sommeil perturbé par le reflux et fatigue diurne.
Asthme	Sommeil perturbé par des crises nocturnes.
Insuffisance cardiaque	Respiration et sommeil perturbés par le décubitus dorsal.
Arthrite et autre condition médicale entraînant de la douleur nocturne	Sommeil perturbé par la douleur.
Troubles neurologiques (accident vasculaire cérébral, maladie d'Alzheimer, maladie de Parkinson, sclérose en plaques)	Agitation nocturne, horaire et sommeil perturbés.

FIGURE 19

MALAISES DIURNES ASSOCIÉS À LA PRIVATION DE SOMMEIL

Divers malaises psychologiques et physiques peuvent survenir en relation avec une privation de sommeil. Ces derniers seront fonction de la gravité de la privation et de la résistance de la personne à cette privation. Les premiers symptômes à apparaître sont souvent d'ordre psychologique.

Malaises psychologiques
- Irritabilité, agressivité
- Retrait social
- Tristesse
- Baisse de libido

Malaises cognitifs
- Faculté et acuité mentales altérées
- Difficultés de concentration
- Troubles de mémoire
- Troubles d'apprentissage
- Baisse de créativité
- Confusion

Malaises physiques
- Fatigue, somnolence
- Nausée, perte d'appétit
- Étourdissements
- Migraines
- Sensation de froid, sudation
- Troubles de coordination musculaire
- Réflexes ralentis
- Vision trouble
- Palpitations cardiaques
- Débalancement hormonal

FIGURE 20

particulièrement à l'heure du coucher. En outre, ils éprouvent une baisse moins importante du métabolisme cérébral associé au sommeil lent profond, en particulier dans les régions comme l'hypothalamus et le tronc cérébral, qui sont le siège des centres d'éveil et de sommeil. Le cerveau de ces personnes est donc plus actif au cours du sommeil que celui de dormeurs qui ne font pas d'insomnie.

COMMENT JUGER DE LA GRAVITÉ DE L'INSOMNIE ?

La gravité de l'insomnie se juge par l'ampleur des perturbations qu'elle engendre dans la vie des patients. Chez une personne qui devrait normalement dormir de sept à neuf heures par nuit, on parle d'un trouble d'insomnie lorsque la durée du sommeil chute sous les six heures et demie. Dans les troubles chroniques d'insomnie, les personnes mettent plus de trente minutes à s'endormir plus de trois fois par semaine, et cela pendant plus de six mois consécutifs. Il ne s'agit toutefois que d'une moyenne qui permet d'évaluer les habitudes et les besoins individuels de sommeil de chaque patient.

Pour déterminer si un patient est un petit dormeur naturel ou un insomniaque, le médecin vérifie si celui-ci souffre des impacts négatifs de la privation de sommeil. En effet, le manque de sommeil entraîne au cours de la journée suivante une fatigue et une myriade de malaises qui affectent l'humeur, les capacités intellectuelles et les performances physiques du patient (figure 20). On rapporte alors de la fatigue et de la somnolence au cours de la journée, une situation qui augmente les risques d'être victime d'un accident au travail ou sur la route. L'humeur des patients est aussi affectée par la dette de sommeil, ces derniers pouvant souffrir d'anxiété, de tristesse, d'irritabilité, voire de dépression. Ils peuvent rapporter des troubles de la mémoire, de la difficulté à se concentrer et une moins grande créativité sur le plan intellectuel. L'insomnie engendre donc beaucoup de souffrance individuelle et a des impacts négatifs importants sur la qualité de vie professionnelle, familiale et sociale.

LES FACTEURS QUI PRÉDISPOSENT À L'INSOMNIE

Plusieurs facteurs de risque prédisposent aux troubles du sommeil, les plus importants étant l'âge et le sexe. Les plaintes d'insomnie sont plus fréquentes chez les personnes âgées : de 15 à 50 % environ de la population âgée en serait affectée. Chez les jeunes adultes, les troubles de l'endormissement sont plus fréquents, alors que les gens âgés souffrent surtout de difficulté à rester endormis. Ces cas différents d'insomnie selon la catégorie d'âge sont en lien avec les changements du cycle veille-sommeil qui surviennent naturellement au cours de la vie. On l'a vu, les adolescents ont tendance à vivre à des heures décalées par rapport à l'ensemble de la population, se couchant et se levant naturellement plus tard. Au sortir de cette période, un nombre important de jeunes adultes maintiennent cette tendance au point que leur horaire de sommeil devient un problème dans leur vie scolaire et professionnelle. Chez ces jeunes adultes, des troubles graves d'endormissement, combinés à un lever difficile, à de la fatigue et à de la somnolence matinale, suggèrent un trouble des rythmes circadiens appelé le désordre de retard de phase de sommeil. Les rythmes circadiens de température corporelle et de sécrétion de mélatonine de ces jeunes sont décalés de plusieurs heures par rapport à ceux de bons dormeurs du même âge. En comparaison, avec l'âge, les rythmes circadiens et l'horaire de sommeil ont tendance à se déplacer plus tôt dans la journée. Lorsque ce phénomène est exagéré, la personne peut s'endormir et s'éveiller naturellement plus tôt qu'elle le désire et même souffrir d'éveil matinal précoce.

Les patients âgés risquent davantage de développer le trouble des rythmes circadiens appelé désordre d'avance de phase de sommeil, un malaise rarement rapporté avant la quarantaine. Cela dit, les changements du sommeil observés au fil du vieillissement sont plus complexes qu'une simple tendance exagérée à devenir un sujet du matin. Dans les cas de désordre d'avance de phase de sommeil, les rythmes circadiens de température corporelle et de sécrétion de mélatonine des patients sont devancés de plusieurs heures comparativement à ceux de bons dormeurs du même âge. Il faut alors pouvoir distinguer ce trouble précis d'une dépression, un état qui se manifeste aussi par des réveils matinaux précoces.

Les femmes sont deux fois plus à risque que les hommes de souffrir d'insomnie. Des différences dans l'exposition aux hor mones sexuelles (œstrogènes, progestérone et testostérone) pourraient être en cause.

Les patients souffrant de troubles psychologiques et psychiatriques comme la dépression, la maladie affective bipolaire, l'anxiété chronique, le trouble dysphorique prémenstruel et la schizophrénie sont également à risque. Ces maladies sont décrites plus en détail au chapitre 6.

Les personnes qui ont adopté de mauvaises habitudes de vie – consommation excessive d'alcool, de boissons caféinées, de drogues de rue – sont aussi particulièrement à risque. Prendre quelques verres de vin ou quelques bières en soirée peut favoriser l'endormissement, mais le sommeil qui suit est souvent de qualité moindre, agité et plus bref, surtout si la consommation a été importante. Pour sa part, la caféine contrecarre l'effet des récepteurs d'adénosine, un neurotransmetteur qui favorise le sommeil. La consommation

en matinée de café, de thé ou de boissons énergisantes peut aider à combattre la fatigue. Par contre, en après-midi et en soirée, ces substances risquent d'entraver l'endormissement. On suggère fortement de limiter leur consommation et de les éviter après l'heure du lunch. Les drogues de rue de type ecstasy, prisées par les adeptes des raves, ont un effet très prononcé et perturbateur sur l'organisation interne du sommeil.

Plusieurs maladies chroniques augmentent le risque de souffrir d'insomnie. C'est le cas de maladies comme l'asthme, dont les symptômes s'aggravent au cours de la nuit. Il existe également des maladies qui rendent le maintien de la posture couchée plus difficile, comme l'insuffisance cardiaque, à cause de la congestion pulmonaire que la position couchée occasionne, et le reflux gastro-œsophagien, dont les reflux et les sensations de brûlement sont plus marqués en position couchée, surtout lorsqu'on se couche l'estomac plein. Certains problèmes de santé perturbent eux aussi le sommeil, dont l'arthrite, avec ses douleurs qui réveillent le patient la nuit. Dans d'autres cas, ce sont les médicaments employés pour traiter les patients qui perturbent le sommeil. On parle alors d'insomnie iatrogénique, en d'autres mots liée au traitement médical.

La liste des substances qui perturbent le sommeil est très longue, et l'insomnie figure parmi les effets secondaires de plusieurs médicaments. Quelques-uns de ces médicaments sont énumérés à la figure 21. Il faut aussi mentionner les maladies débilitantes, en particulier les troubles neurologiques comme les accidents vasculaires

cérébraux, la maladie de Parkinson, la sclérose en plaques ou la maladie d'Alzheimer, qui s'accompagnent parfois d'une désorganisation du cycle veille-sommeil.

Il convient de souligner que l'insomnie est une plainte qui peut être associée à d'autres troubles du sommeil, et qu'avant de parler d'insomnie dite psychophysiologique chronique, le médecin prendra soin de procéder à un dépistage d'autres maladies qui peuvent causer de l'insomnie, comme l'apnée du sommeil ou le syndrome des jambes sans repos. Ces troubles seront décrits plus en détail aux chapitres 8 et 9.

Lorsque l'insomnie est associée à une perturbation de l'alternance entre les périodes de sommeil et d'éveil, on parle de troubles des rythmes circadiens. Comme on l'a vu au chapitre 2, ceux-ci comprennent les troubles d'ajustement au travail de nuit, le décalage horaire, les désordres de retard et d'avance de la phase de sommeil, le cycle veille-sommeil différent de vingt-quatre heures et enfin l'horaire veille-sommeil irrégulier.

LES IMPACTS À LONG TERME DE L'INSOMNIE

Il est maintenant clair que l'insomnie persistante est associée à un risque accru d'être atteint de nombreux problèmes de santé, en particulier des troubles de santé mentale (chapitre 6). Dans 40 % des cas, l'insomnie précède de plusieurs années l'apparition d'une dépression majeure, mais la relation entre l'insomnie et la santé mentale est généralement bidirectionnelle.

MÉDICAMENTS ET SUBSTANCES PERTURBANT LE SOMMEIL

Aliments, médicaments en vente libre et drogues de rue

- Caféine, thé, boissons énergisantes
- Chocolat
- Alcool
- Décongestionnants, comprimés pour la grippe
- Tabac
- Cocaïne
- Ecstasy

Médicaments sous prescription

- Certains antidépresseurs
- Certains médicaments contre la douleur
- Usage prolongé et quotidien de somnifères*
- Stéroïdes
- Synthroid (lévothyroxine)
- Psychostimulants tels que la dextro-amphétamine (Dexedrine), le méthyl-phénidate (Ritalin) et le modafinil (Alertec)
- Antiparkinsoniens
- Patchs de nicotine

Liste non exhaustive. Les perturbations du sommeil dépendent de la dose de substance ingérée et de la période d'ingestion. Elles varient également selon la personne.

*Les somnifères peuvent entretenir paradoxalement un problème d'insomnie en perturbant la structure du sommeil et en provoquant un rebond d'insomnie lorsqu'on arrête brusquement d'en prendre. Il est alors conseillé d'envisager un programme de sevrage progressif.

FIGURE 21

En effet, les perturbations du sommeil augmentent les risques de développer un trouble de santé mentale, et les maladies mentales sont la plupart du temps liées à des troubles du sommeil. Les troubles du sommeil ainsi associés à des maladies psychiatriques sont souvent graves et résistent au traitement, ce qui complique la prise en charge du malade (Buysse et coll., 2008). Comme pour l'œuf et la poule, qu'est-ce qui apparaît en premier: les troubles du sommeil ou la maladie mentale ?

Les patients souffrant d'insomnie ont recours aux services de santé plus souvent que les bons dormeurs, la santé physique pouvant être affectée par les perturbations de l'horaire de sommeil. Au premier plan viennent les perturbations dans le métabolisme des sucres et graisses et dans le contrôle de la satiété. L'expression « Qui dort dîne » n'aura jamais été aussi pertinente, puisque la communauté scientifique s'affaire à explorer les liens entre sommeil, alimentation et excès de poids. Ainsi, une restriction de sommeil de quelques heures par jour peut affecter le métabolisme des sucres et créer un état comparable à un patient en phase prédiabétique. Après une mauvaise nuit de sommeil, les taux de sucre dans le sang sont plus élevés, en réponse à un apport alimentaire riche en sucres, qu'après une bonne nuit. Cette situation indique que le corps a développé une résistance passagère à l'effet de l'insuline après avoir manqué de sommeil pendant quelques

heures. Les impacts métaboliques des perturbations du sommeil seront décrits plus en détail au chapitre 5.

Les perturbations du sommeil peuvent aussi être associées à un moins bon contrôle de la pression artérielle chez des patients hypertendus. La pression artérielle varie au cours de la journée et chute de 10 à 20 % au cours du sommeil chez les personnes en santé. Les patients hypertendus ont souvent une variation anormale de ce rythme, un problème que les perturbations du sommeil peuvent exacerber.

CONSEILS POUR BIEN DORMIR

Il est important, quand on souffre d'insomnie, de mettre en place dans notre vie une bonne hygiène de sommeil. Il est d'ailleurs utile dans tout trouble du sommeil de réviser les comportements entourant les heures du coucher et du lever. Le but général d'une bonne hygiène de sommeil est de favoriser un endormissement rapide et un sommeil efficace et réparateur, avec le moins d'éveils nocturnes possible une fois l'endormissement réalisé. Comme l'insomnie est plus un trouble de l'éveil que du sommeil, plusieurs conseils énumérés dans la figure 22 visent à réduire l'état d'hyperactivité mentale et physique à l'heure du coucher. Les facteurs qui aggravent l'état de tension physique et mentale à l'heure du coucher doivent donc être minimisés. Il est important, par exemple, de s'accorder une période de transition en fin de soirée pour se détendre. Il faut alors cesser de travailler ou de jouer sur Internet jusqu'à la dernière minute, éviter les sports intenses en fin de soirée, et ne pas regarder la télévision ou répondre à ses courriels au lit.

Cacher l'heure systématiquement est un conseil essentiel. Il faut résister à tout prix au désir de connaître l'heure lorsqu'on ne trouve pas le sommeil la nuit. Le simple fait de regarder l'heure engendre une série de pensées négatives qui ne font qu'aggraver les préoccupations liées au sommeil. Même les personnes qui se croient à l'abri de l'insomnie ont tendance à calculer mentalement le repos qu'ils ont accumulé la nuit jusqu'à ce moment et le nombre d'heures qu'il leur reste à dormir. Or, l'aspect récupérateur du sommeil nocturne

Le Dr Ivan Pavlov et vous

L'expérience du chien de Pavlov est célèbre et illustre bien ce qu'on appelle le réflexe conditionné. Au cours de cette expérience, le chercheur a systématiquement offert de la nourriture à un chien après avoir fait entendre le bruit d'un sifflet, de fourchettes ou d'un métronome. Le chien salivait à la vue de la nourriture. Assez rapidement, le seul fait d'entendre le bruit entraînait une réaction de salivation chez ce dernier, car le bruit annonçait l'arrivée de nourriture dans son plat. Le chien avait inconsciemment associé un événement sans importance pour lui (le bruit du sifflet) à un autre émotivement important (l'arrivée de la nourriture). Ce réflexe de salivation est une réponse conditionnée, car il est induit par un stimulus neutre (le bruit du sifflet) associé à un stimulus qui induit une réaction inconditionnellement (la présence de nourriture). En l'absence de nourriture, ce réflexe conditionné devient inapproprié.

Une situation similaire survient dans les cas d'insomnie chronique. En effet, les patients insomniaques demeurent souvent de longues heures au lit dans leur chambre à coucher, éveillés, dans l'espoir de cumuler quelques heures de sommeil. Ce faisant, ils pensent à tort augmenter leurs chances de s'endormir. Mais assez rapidement, leur cerveau associe leur chambre à coucher au fait de demeurer éveillés. De plus, ils présentent souvent à ce moment un état de frustration et d'hyperactivité mentale, avec des idées qui affluent rapidement dans leur tête, des tensions musculaires et des pensées négatives. S'ils ont en plus la mauvaise idée de regarder l'heure, cet état de tension mentale et physique ne fait que s'aggraver au fur et à mesure que la nuit progresse. Malheureusement, l'expérience de Pavlov se confirme, et leur cerveau associe leur chambre à coucher à un état d'éveil et d'hyperactivité mentale.

LES DIX COMMANDEMENTS DE L'INSOMNIAQUE

Ces conseils constituent des éléments importants d'une bonne hygiène de sommeil et sont suggérés pour les patients souffrant d'insomnie.

1. Maintenez la plus grande régularité possible dans vos heures de sommeil. Réglez d'abord votre heure de lever et couchez-vous le soir lorsque vous ressentez le besoin de dormir. Les heures de coucher se régulariseront progressivement.
2. Maintenez la plus grande régularité possible dans vos heures d'exposition à la lumière et à la noirceur. Exposez-vous le plus possible à la lumière solaire le jour. Dormez dans la noirceur et demeurez dans la lumière tamisée la nuit si vous sortez du lit.
3. Détendez-vous mais évitez de faire une sieste si vous ressentez de la fatigue importante au cours de la journée.
4. Évitez d'utiliser de l'alcool ou des drogues pour vous endormir.
5. Quittez votre chambre si vous vous réveillez la nuit et que vous avez du mal à vous rendormir. Détendez-vous dans la lumière tamisée d'une autre pièce jusqu'à ce que vous ressentiez le besoin de vous rendormir. Évitez les activités stimulantes (ménage, travail, courriel, Internet) en pleine nuit.
6. Résistez à tout prix au désir de regarder l'heure la nuit ! Réglez votre réveil pour qu'il sonne à l'heure voulue et régulière de votre lever le matin.
7. Évitez l'utilisation excessive de substances stimulantes au cours de la journée (à moins de prescriptions médicales).
8. Réservez votre chambre à coucher pour le sommeil (et les activités sexuelles). Bannissez-en le travail, la télévision, le i-Pad, les cellulaires et toute autre activité stimulante.
9. Dormez dans un environnement calme, sombre, tempéré et bien ventilé.
10. Planifiez un temps de repos et de loisir tous les jours, particulièrement en soirée.

FIGURE 22

Adapté de Diane B. Boivin, *Docteur, je ne dors pas !* Module d'autoformation, Fédération des Médecins Omnipraticiens du Québec, Montréal, 1993.

ne répond pas à un simple calcul. L'équation est plus complexe et suit plutôt une fonction exponentielle inverse, et encore. Il faut donc laisser le cerveau inconscient faire le calcul tout seul et reposer nos neurones. Le réveille-matin devrait être réglé pour sonner à la bonne heure, mais on ne doit pas regarder l'heure au cours de la nuit ou au petit matin.

D'autres conseils d'hygiène du sommeil ont pour but de favoriser un sommeil de bonne qualité. Par exemple, les patients insomniaques devraient faire tout ce qu'ils peuvent pour maximiser leur pression à dormir (le processus homéostatique). C'est pour cette raison qu'ils doivent éviter les siestes diurnes, car elles font baisser la pression au sommeil. Le matin, il faut éviter de traîner au lit trop longtemps, car ce faisant, le processus d'accumulation de fatigue au cours de la journée est retardé. Cette situation rend par le fait même l'endormissement plus difficile le soir venu. Les patients devraient donc respecter l'heure de lever qu'ils se sont fixée.

Comme l'horloge biologique influence fortement la capacité d'un individu à s'endormir, les patients devraient aussi entretenir des habitudes de sommeil qui favorisent une bonne synchronisation entre leurs heures de sommeil et leur horloge biologique. C'est pour cette raison qu'on leur recommande de maintenir la plus grande régularité possible dans les heures de coucher et de lever, même les jours de congé. S'il ne faut pas se coucher trop

tard, il faut aussi éviter de se mettre au lit trop tôt, car ce faisant, l'heure du coucher coïnciderait avec le moment où l'horloge biologique envoie ses signaux d'éveil les plus forts. Observée de une à deux heures avant l'heure habituelle du coucher, cette période de la soirée est appelée « zone du soir interdite au sommeil » (Strogatz et coll., 1987). Une différence aussi minime que une ou deux heures dans l'horaire de sommeil peut donc avoir un impact notable sur la qualité du sommeil et sur la période d'éveil.

C'est d'ailleurs ce que nous vivons à l'automne et au printemps quand nous passons à l'heure normale et à l'heure avancée, respectivement. Certaines personnes sont très sensibles à ces changements et mettent parfois plus d'une semaine à s'en remettre. Au printemps, ces ajustements comportent en plus une privation de sommeil, car ce dernier est écourté d'une heure par rapport à l'horaire standard. À l'automne, le changement d'heure s'accompagne d'une heure de sommeil additionnelle, ce qui est préférable pour récupérer de la fatigue. Par contre, l'automne est marqué par une diminution de la luminosité dans l'environnement, ce qui augmente le niveau de fatigue de plusieurs personnes.

D'autres moyens devraient aussi être mis en place. Par exemple, afin de favoriser un bon ajustement de son horloge biologique à son environnement, il convient d'éviter de s'exposer à de la lumière intense tard le soir ou en pleine nuit, ces situations pouvant produire un déphasage de l'horloge circadienne à des heures plus tardives, et même induire un désordre de retard de phase ou réduire la sécrétion de mélatonine la nuit.

IMOVANE (ZOPICLONE)

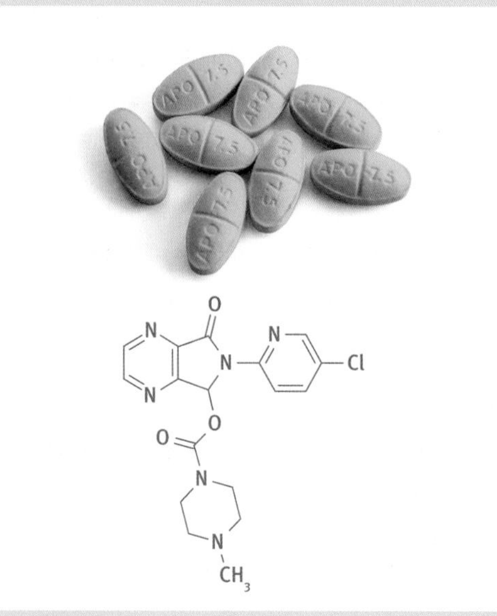

FIGURE 23

COMMENT GUÉRIR DE SES INSOMNIES ?

Il faudrait d'abord préciser qu'on ne devrait pas tenter de *guérir* de ses insomnies, mais plutôt apprendre à en minimiser les impacts. Vouloir à tout prix dormir d'un sommeil normal, voire parfait, et cela toutes les nuits, ne fait qu'aggraver les tensions et préoccupations liées aux insomnies. En fait, c'est un peu comme vouloir guérir de l'anxiété en se forçant coûte que coûte à se détendre. Mieux vaut lâcher prise et apprendre à relativiser ses attentes par rapport au sommeil. Ce message peut paraître contradictoire : d'une part, on nous expose les risques pour la santé mentale et physique d'un sommeil perturbé ou d'une restriction de sommeil de quelques heures par nuit, et d'autre part, on nous dit de ne pas y faire trop attention. En fait, c'est plutôt à l'anxiété de performance liée au sommeil qu'il faut s'attaquer. La bonne nouvelle, c'est que l'insomnie tue rarement, et que même si elle détériore la santé physique et mentale, ce processus se fait très lentement. Les cas d'insomnie fatale familiale sont extrêmement rares (l'auteure de ce livre n'en a jamais rencontré en vingt-cinq ans de carrière).

Comme il est tout à fait normal que le sommeil se fragilise avec l'âge, les patients doivent se fixer des buts réalistes. Il est préférable de réviser ses perceptions par rapport à son sommeil, d'autant plus que plusieurs insomniaques ont tendance à sous-estimer la durée du sommeil obtenu la nuit. Il est donc important pour les patients de cultiver un certain détachement par rapport à leurs insomnies. L'insomnie est un état chronique qui s'est installé à long terme. Il faut s'attendre à ce que beaucoup de temps soit nécessaire pour regagner un sommeil de meilleure qualité.

Avez-vous bâillé ?

Des expériences ont été réalisées chez des humains, des babouins et des chiens pour comprendre le caractère contagieux du bâillement (Palagi et coll., 2009). Neurologiquement, l'acte de bâiller favoriserait de meilleurs niveaux de vigilance. Les animaux pourraient s'en servir comme mode de communication sociale pour signaler leur niveau de fatigue et de stress à leurs congénères. Ce mode de communication permettrait ainsi à un groupe d'animaux d'ajuster leurs rythmes d'activité et de repos. Le bâillement est aussi contagieux chez l'humain et un bon 50 % d'entre nous bâillerait après avoir vu, entendu ou juste pensé à une autre personne qui bâille. Si vous avez succombé à la tentation en voyant l'image de la page 91, rassurez-vous, une plus grande sensibilité au bâillement contagieux va de pair avec un plus grand niveau d'empathie. Ne vous découragez donc pas si, un jour, c'est votre médecin qui vous bâille au visage…

Même après avoir essayé d'améliorer l'hygiène de sommeil, il se peut que les insomnies demeurent envahissantes. Diverses stratégies non pharmacologiques devraient alors être envisagées pour réduire l'insomnie. L'une de ces approches consiste à s'attaquer au réflexe conditionné. Cette approche appelée le contrôle des stimuli vise à réduire les risques d'association entre la chambre à coucher et le fait de ne pas dormir. Ainsi, lorsque les patients atteignent un état de frustration dû au fait de ne pas dormir, ils ont la consigne de changer de pièce pour s'y détendre. Les activités doivent alors être légères et propices au retour du besoin de dormir, par exemple lire, écouter de la musique de détente ou pratiquer des techniques de relaxation. Il faut éviter les activités trop stimulantes telles que répondre à ses courriels, clavarder, jouer à des jeux vidéo ou, pire encore, travailler. Lorsque le besoin de dormir s'intensifie, le patient est invité à retourner dans sa chambre à coucher pour s'y endormir. Il doit répéter ce scénario aussi souvent que nécessaire.

La restriction du sommeil est une autre approche qui vise à améliorer l'efficacité du sommeil en imposant un contrôle serré sur les moments autorisés pour dormir (Taylor et coll., 2010). Cette approche a pour objectif de corriger le fait de passer de longues heures sans dormir dans la chambre à coucher. Par exemple, si un patient rapporte qu'il ne dort que quatre heures par nuit, mais qu'il passe huit heures couché à tenter de dormir, l'efficacité de son sommeil est grossièrement évaluée à 50 %. Le patient reçoit alors la consigne de limiter le temps passé au lit à quatre heures par nuit et d'éviter les siestes diurnes afin de maximiser sa pression homéostatique au sommeil. L'efficacité de son sommeil passera alors rapidement à presque 100 %. Comme ce régime de sommeil est assez radical, il s'agit d'une mesure temporaire. Le « ratio de sommeil » sera en effet augmenté à petites doses, soit de plusieurs minutes par jour, jusqu'au retour d'une période de sommeil acceptable en qualité et en durée.

Dans l'insomnie psychophysiologique chronique (ou non expliquée par une autre pathologie), on note beaucoup d'anxiété et de préoccupations en rapport avec le sommeil. Les thérapies de relaxation se révèlent très utiles dans le traitement à long terme de cette forme d'insomnie (McKinstry et coll., 2008).

Nous avons décrit ici les bases biologiques du sommeil et l'insomnie chronique. Les cas plus sévères d'insomnie peuvent faire l'objet d'une prise en charge médicale. Cette prise en charge comportera l'usage contrôlé de somnifères et surtout l'apprentissage de thérapies de relaxation. Dans tous les cas d'insomnie, il est important de réviser l'hygiène de sommeil. Ainsi, les conseils exposés dans ce chapitre permettront à la personne qui souffre d'insomnie de réviser ses habitudes de vie afin d'en minimiser les conséquences.

Que retenir de ce chapitre ?

- L'insomnie se distingue d'un sommeil naturel de courte durée par la présence de malaises au cours de la journée. Ces malaises d'ordre psychologique et physique témoignent de la privation de sommeil dont souffre le patient.
- L'insomnie est beaucoup plus un trouble de l'éveil que du sommeil. Une hyperactivité mentale et une tension musculaire s'observent lorsque le patient tente de s'endormir sans succès.
- L'insomnie est un symptôme qui s'exprime comme une difficulté récurrente à s'endormir ou à rester endormi. Plusieurs pathologies du sommeil, conditions médicales ou substances peuvent causer ou entretenir ce problème, et il convient de les identifier pour les contrôler.
- La plupart du temps, un problème d'insomnie se développe de manière aiguë à la suite d'une situation de vie difficile. Un problème chronique de sommeil peut persister de manière autonome.
- Plusieurs conseils peuvent être suivis par les patients pour favoriser une bonne mécanique de sommeil. Ces conseils visent à maximiser la pression au sommeil la nuit et la régularité entre l'horaire de sommeil et l'horloge biologique.

Pourquoi dormir quand on peut manger ?

CHAPITRE 5

Qui dort dîne !

Le sommeil et l'alimentation

Plusieurs études épidémiologiques menées dans différents pays ont confirmé l'évolution inquiétante de l'obésité dans la société moderne. Simultanément, d'autres études démontrent une diminution progressive des heures de sommeil la nuit, particulièrement au cours de la semaine de travail. Un lien existe donc entre manque de sommeil et obésité (Magee et coll., 2010). Des études indiquent que la qualité et la quantité quotidienne de sommeil affectent les comportements alimentaires, le métabolisme des aliments ingérés et le risque d'embonpoint même chez les enfants (figure 24).

Ces observations ne surprennent pas, le sommeil jouant un rôle primordial dans la conservation de l'énergie. Cette conservation passe par une baisse du métabolisme la nuit et des changements biologiques qui font en sorte que le corps se repose et ne ressent plus la faim. Plusieurs hormones clés de l'alimentation et du métabolisme, comme la leptine, la ghréline et l'insuline, agissent aussi sur les systèmes de maintien de l'éveil et du sommeil. Le taux de ces hormones est influencé par la durée des épisodes de sommeil et leur horaire. La perte de quelques heures de sommeil par nuit ou un changement abrupt dans l'horaire de sommeil causent des perturbations métaboliques auxquelles il faut s'attarder. Plusieurs personnes sont confrontées à cette situation sur une base régulière, comme les patients souffrant de troubles du sommeil et les travailleurs de nuit. Ce sont ces liens qui existent entre sommeil, conservation d'énergie, récupération, métabolisme et alimentation qui seront exposés dans ce chapitre.

LE SOMMEIL ET LA RÉCUPÉRATION CÉRÉBRALE

Pendant la nuit, notre corps se met en mode de conservation d'énergie. Les besoins énergétiques chutent parce que nous dépensons beaucoup moins d'énergie au cours de la nuit qu'au cours de la journée. En sommeil lent profond, le métabolisme de l'oxygène et du glucose ainsi que l'apport de sang au cerveau sont de 25 à 40 % inférieurs à ceux qui sont observés à l'état d'éveil. Cette diminution des besoins énergétiques s'explique en partie par le fait que nous sommes étendus et ne dépensons donc plus d'énergie musculaire à maintenir une position debout. Nos activités physiques sont aussi grandement réduites au cours du sommeil. Par contre, la baisse de consommation d'énergie ne s'explique pas uniquement par l'arrêt des activités physiques et mentales associées à l'éveil. En fait, notre cerveau lui-même consomme moins d'énergie quand nous dormons qu'en période d'éveil. Lors du sommeil nocturne, le ralentissement du métabolisme cérébral serait responsable des deux tiers de la baisse de consommation de glucose par l'organisme. Dans l'ensemble, on peut dire que le cerveau se met lui aussi en mode de conservation d'énergie au cours du sommeil, particulièrement pendant le sommeil lent profond. Cet état est important pour que nous récupérions de la fatigue neuronale accumulée au cours de la période d'éveil qui a précédé. Des preuves expérimentales indiquent que les neurones communiquent entre eux intensément au cours des périodes d'éveil, et qu'à la fin de la journée, les systèmes de communication entre neurones, qu'on appelle les synapses, sont encore plus fortement exploités, ce qui pourrait occasionner une demande énergétique démesurée si la situation devait perdurer. Heureusement, au cours du sommeil, la puissance de ces connexions se relâche, ce qui nous permet de démarrer la nouvelle journée avec la capacité de prioriser les communications entre neurones qui répondront à nos besoins intellectuels et physiques nouveaux (Olcese et coll., 2010). Ce phénomène de remodelage de la puissance des connexions entre les neurones illustre bien ce qu'on appelle la « plasticité du système nerveux », soit sa très grande adaptabilité.

Un ralentissement du métabolisme cérébral a été démontré au cours du sommeil lent profond dans le tronc cérébral, le thalamus et plusieurs régions du cortex cérébral (Dang-Vu et coll., 2010). Il est intéressant de noter que les régions cérébrales les plus sollicitées à l'éveil, comme les régions frontales et pariétales en cause dans les activités cérébrales de haut niveau, auraient besoin d'une récupération plus prononcée. Un ralentissement marqué du métabolisme cérébral est d'ailleurs observé dans ces régions au cours du sommeil lent profond. Même lorsqu'une privation de sommeil est imposée à l'organisme, on a constaté que le métabolisme de ces régions frontales du cortex cérébral chute, et un ralentissement global du métabolisme du cerveau est observé.

Ces observations ont d'ailleurs été corrélées avec l'affaiblissement des habiletés cognitives et du jugement qui caractérise la privation aiguë de sommeil. Par ailleurs, les régions du cerveau importantes pour la genèse des ondes lentes cérébrales et des fuseaux de sommeil s'activent au cours du sommeil.

Les patients souffrant d'insomnie chronique présenteraient toutefois un ralentissement moins important du métabolisme cérébral associé au sommeil lent profond, en particulier dans les régions comme l'hypothalamus et le tronc cérébral, qui sont le siège des centres d'éveil et de sommeil. Cette observation rappelle que l'insomnie est avant tout un trouble d'hyperactivité du tonus d'éveil.

En comparaison, les besoins énergétiques du sommeil paradoxal, le stade de sommeil typiquement associé aux rêves, s'apparentent beaucoup plus à ceux de l'éveil, bien que les zones cérébrales actives et moins actives diffèrent entre ces deux états de conscience. Les régions cérébrales les plus actives en cours de sommeil paradoxal sont précisément celles qui sont en cause dans la genèse des mouvements oculaires rapides (les REM, ou *rapid eye movements*, et les ondes ponto-géniculo-occipitales précédant ces mouvements), soit le tegmentum pontique, les corps genouillés latéraux et le cortex occipital.

ÉCOUTE TÉLÉVISUELLE, SOMMEIL ET OBÉSITÉ

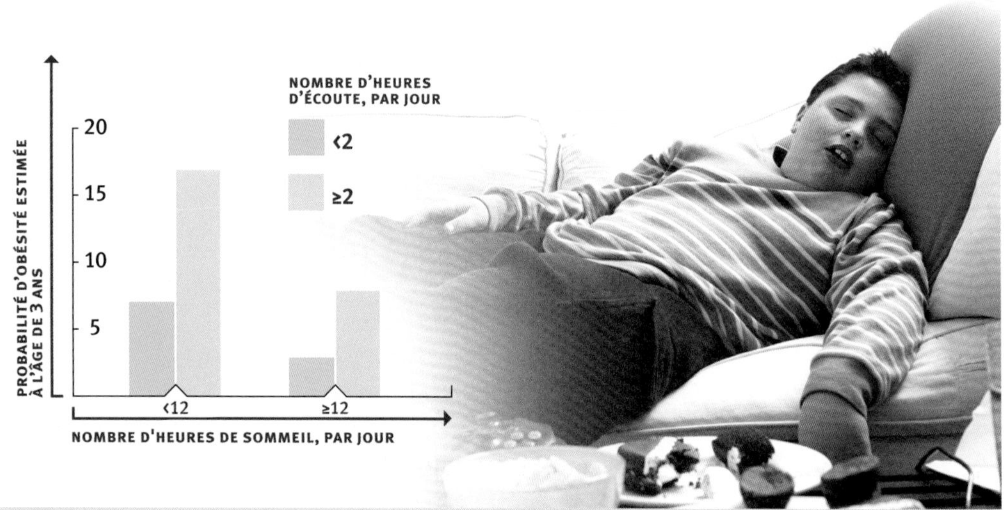

FIGURE 24

Adapté de Taveras et coll., 2008.

Le système nerveux autonome

Le système nerveux autonome est celui qui régule de manière automatique, donc sans qu'on fasse d'efforts conscients, le cœur, les vaisseaux sanguins et les systèmes respiratoire et digestif. C'est ce système qui fait en sorte que les battements du cœur accélèrent, que la tension artérielle grimpe et que la respiration devient plus ample et rapide lorsqu'un individu est en proie à une situation intense, voire un danger potentiel. C'est ce même système qui fait en sorte que le système digestif s'active et que le sang est redirigé vers ce dernier après un repas.

Le système nerveux autonome est divisé en systèmes nerveux sympathique et parasympathique. Ces deux systèmes, comme le yin et le yang, ont des effets opposés mais complémentaires sur l'organisme. Le système sympathique favorise une activation plus prononcée, tandis que le système parasympathique induit un état moins tonique et plus végétatif. Bien que le système nerveux autonome soit régulé de manière automatique, il peut être modulé par des activités conscientes comme la méditation et la relaxation, qui ont pour effet de ralentir le rythme cardiaque, la fréquence respiratoire et, chez les plus expérimentés, la tension artérielle.

L'éveil est associé à une augmentation du tonus sympathique et à une réduction du parasympathique. L'inverse se produit en sommeil, surtout profond.

LE SOMMEIL ET LA RÉCUPÉRATION PHYSIQUE

À l'heure du coucher, le soir, le seul fait de s'étendre dans le noir, détendu et relaxé, induit une série de réactions physiologiques qui permettent au corps de sombrer progressivement dans le sommeil (Boudreau et coll., 2012). Les mécanismes plus toniques qui prédominent à l'éveil cèdent progressivement la place à ceux qui favorisent le sommeil. Ainsi, le passage de l'état de veille au sommeil s'accompagne d'un changement dans l'activation des systèmes cardiovasculaire et respiratoire, changement généré par ce qu'on appelle le système nerveux autonome.

Au cours des périodes d'éveil, le tonus du système nerveux autonome est surtout sympathique. En comparaison, pendant les périodes de sommeil lent profond, le tonus du système nerveux autonome est surtout parasympathique. Le pouls, par exemple, est plus rapide lorsqu'on est éveillé, le jour, que lorsqu'on dort la nuit. Dès l'endormissement, le cœur ralentit, et l'intervalle entre les battements cardiaques se prolonge d'environ 10 % par rapport à celui qu'on observe en période d'éveil. Ce ralentissement du rythme cardiaque atteint son apogée dans les phases de sommeil lent profond. Le passage du sommeil à l'état d'éveil, lors du lever matinal, s'accompagne d'un battement cardiaque accéléré et irrégulier. Ces variations du pouls liées au sommeil sont aussi accentuées par l'influence de l'horloge biologique. Le rythme cardiaque varie donc en fonction de l'heure biologique interne. Il ralentit la nuit et accélère le jour. Autrement dit, le sommeil a un effet calmant sur le cœur.

La tension artérielle varie elle aussi au cours de la journée. Elle augmente le matin dans les heures qui suivent le lever et atteint son maximum en après-midi. La tension artérielle commence à redescendre en soirée pour atteindre un plancher en pleine nuit. C'est au cours du sommeil lent profond que le rythme cardiaque et la tension artérielle atteignent leur plus bas niveau quotidien.

Au cours du sommeil paradoxal, le pouls et la tension artérielle atteignent des valeurs beaucoup plus près de celles qu'on observe à l'éveil, mais présentent cette fois beaucoup d'irrégularité. L'activation du système nerveux autonome devient erratique lors des phases de rêves.

Le rythme circadien de sécrétion de la mélatonine pourrait être un facteur qui accentue les variations de la tension artérielle liées au sommeil. En effet, la mélatonine peut induire une baisse de tension artérielle ; certaines études ont d'ailleurs démontré qu'une déficience de sécrétion de cette hormone peut être associée à l'hypertension artérielle. Ces observations illustrent les effets bénéfiques du sommeil nocturne, en particulier du sommeil lent profond, sur le système cardiovasculaire. Ces variations prononcées des fonctions cardiovasculaires liées au cycle veille-sommeil et au rythme circadien pourraient contribuer au risque accru d'accidents cardiovasculaires rapportés aux petites heures du matin. On a en effet observé une augmentation de 40 % du risque d'infarctus du myocarde et de 30 % du risque de mort subite en matinée comparativement au reste de la journée.

Le système respiratoire subit lui aussi d'importantes modifications au cours du sommeil. Celles-ci seront décrites au chapitre 8, qui traite des troubles respiratoires au cours du sommeil.

LE SOMMEIL, LA TEMPÉRATURE CORPORELLE ET LA CONSERVATION D'ÉNERGIE

La température corporelle est le résultat de la production et de la dissipation de chaleur par le corps. Elle subit d'importantes variations au cours de la journée. Généralement, la température corporelle centrale, soit celle qu'on mesure par thermomètre rectal, varie entre 36,75 et 37,5 degrés Celsius. La température mesurée à la surface de la peau sur les membres est plus basse, se situant autour de 32,5 à 34 degrés Celsius. Les changements de température corporelle renseignent sur la consommation énergétique du corps humain. Il est important de maintenir la température du corps la plus stable possible, soit à l'intérieur d'une zone de confort assez restreinte, et cela afin de pouvoir survivre. En effet, la température corporelle influence ultimement la qualité des activités biologiques et des réactions chimiques qui surviennent à l'intérieur de chaque cellule du corps humain. On n'a d'ailleurs pour s'en convaincre qu'à se rappeler les alertes météorologiques lancées par Santé Canada lors des canicules estivales ou des grands froids hivernaux.

La production de chaleur par le corps dépend de l'apport de nourriture et du métabolisme, qui fait en sorte que les nutriments se rendent aux cellules où ils peuvent être utilisés. On emploie d'ailleurs les calories (du latin *calor*, « chaleur ») comme unité de mesure pour quantifier la valeur énergétique d'un aliment. La dissipation de la chaleur corporelle se fait lorsqu'on brûle ces calories ; la chaleur produite par le corps est alors évacuée dans l'environnement. Cette dissipation de la chaleur augmente lors d'activités physiques intenses, car on brûle alors plus de calories qu'en temps normal. La nourriture constitue donc en quelque sorte le bois ou l'huile de chauffage du corps humain.

En raison de cette énergie thermique, il faut un système de rhéostat pour contrôler les niveaux de température à travers le corps. Ce système a une partie centrale, un peu comme une fournaise et son panneau de contrôle, qui est localisée dans l'hypothalamus, soit en plein centre du cerveau. Il compte aussi un système de réglage périphérique localisé au niveau de la peau, en particulier celle des extrémités des jambes et des bras. Le système de réglage central détermine le seuil à partir duquel le corps devrait s'activer à conserver ou à dissiper de la chaleur. Le système de réglage périphérique est pour sa part très efficace pour retenir la chaleur ou la dissiper dans l'environnement, un peu comme si l'on ouvrait de multiples fenêtres lorsque la température intérieure du corps est trop élevée, ou inversement. Le système de réglage périphérique est principalement composé d'une multitude d'anastomoses artérioveineuses, qui sont en fait les extrémités ultimes de l'arbre vasculaire dans les tissus périphériques (chapitre 8).

D'importantes variations de la température corporelle surviennent au cours de la journée, influencées par le rythme circadien et le cycle veille-sommeil. Cette observation n'est pas surprenante, car la zone préoptique de l'hypothalamus antérieur est le centre principal de régulation du sommeil et de la température corporelle. Au coucher, le corps, désireux de conserver son énergie et de récupérer au maximum pendant la phase de sommeil nocturne, règle ses rhéostats pour maintenir une température corporelle centrale plus basse que pendant la période d'éveil. Une cascade de variations survient alors à l'heure du coucher. Une dilatation vasculaire est d'abord observée aux extrémités. Une multitude d'anastomoses artério-veineuses se dilatent au niveau des doigts et des orteils, ce qui permet une dissipation de chaleur rapide et efficace (comme si on ouvrait les

fenêtres après avoir trop chauffé). Ce phénomène est favorisé par la relaxation qui accompagne la diminution du tonus du système nerveux sympathique ainsi que par la sécrétion de mélatonine en soirée. Celle-ci favoriserait en effet la dilatation des anastomoses artério-veineuses en fin de soirée, et donc la dissipation de chaleur corporelle. La chaleur des mains et des pieds augmente donc à l'heure du coucher, et l'intensité de ce phénomène permet un endormissement rapide et efficace. Au fur et à mesure que la chaleur se dissipe dans l'environnement par les mains et les pieds, la température intérieure du corps chute. Ce système de refroidissement permet au corps de fonctionner avec un niveau réduit d'énergie, comme s'il y avait moins de bûches dans le poêle, la nuit, quand on dort. La température corporelle centrale atteint son point le plus bas en fin de nuit, soit environ une à deux heures avant l'heure habituelle du lever.

Les changements de température corporelle observés au cours du sommeil rendent le dormeur plus sensible aux variations de température de l'environnement. Il est donc important pour bien dormir de contrôler la température de la chambre à coucher et d'éviter les températures ambiantes trop chaudes ou trop froides. La température du cerveau chute aussi au cours du sommeil, en particulier lors du sommeil lent profond. Par contre, elle demeure élevée au cours du sommeil paradoxal, une observation qui rappelle

Les hormones de la faim et de la satiété

La leptine est une hormone de la satiété qui est produite par les cellules adipeuses (adipocytes). Ses taux diminuent lorsque le corps a besoin de nourriture et augmentent lorsqu'il est rassasié. La ghréline est une hormone de la faim produite par la muqueuse gastrique. Ses taux augmentent avant chaque repas et redescendent dans les heures qui les suivent. Ces deux hormones ont donc un effet réciproque sur l'appétit.

que ce stade de sommeil est particulier et présente un état d'activation corticale élevé accompagnant les rêves.

LE SYSTÈME DIGESTIF AU COURS DU CYCLE VEILLE-SOMMEIL

Le système digestif subit aussi d'importantes modifications de fonctionnement au cours du cycle veille-sommeil. Pour les comprendre, il est utile de revoir l'anatomie et le fonctionnement de ce système (figure 25). Le système digestif débute par la bouche, qui est le point d'entrée de la nourriture dans l'organisme, et se termine par l'anus, qui est le point de sortie des aliments digérés et non absorbés. Entre les deux, il y a toute une usine de décomposition et d'absorption de la nourriture dont la revue dépasse le cadre de ce livre. Il est par contre utile de connaître certains aspects de ce système qui peuvent influencer la qualité du sommeil la nuit.

Lorsque de la nourriture est ingérée, elle subit une première transformation dans l'estomac, où des sucs gastriques très acides s'affairent à l'attendrir. L'estomac est en fait un sac biologique dans lequel la nourriture est brassée avec des sucs digestifs. En période d'éveil, c'est l'apport alimentaire qui stimule la production des sucs gastriques et donc le démarrage de cette usine de démantèlement de la nourriture. En période de sommeil, ce serait plutôt un rythme circadien qui régulerait le taux d'acidité dans l'estomac. Ce rythme fait que l'acidité atteint son apogée en fin de soirée et en début de nuit. Il est donc très important que la vidange gastrique s'effectue adéquatement à ce moment et que le contenu de l'estomac ressorte du bon côté, soit en aval vers le duodénum et non en amont vers l'œsophage. Le tonus du sphincter œsophagien inférieur, qui aide à garder le contenu gastrique dans l'estomac, diminue lors du sommeil, et la motilité de l'estomac est réduite en cours de sommeil, comparativement à l'éveil, ce qui peut perturber sa vidange dans la bonne direction. De plus, la production de salive et le réflexe de déglutition, des processus importants pour la neutralisation de l'acidité gastrique, diminuent grandement au cours du sommeil. La période de sommeil est donc à risque pour les patients qui souffrent de troubles digestifs.

Lorsque le contenu gastrique remonte à contre-courant, on parle de reflux gastro-œsophagien. Cela peut être très irritant pour l'œsophage et occasionner de désagréables sensations de brûlures. Dans les cas les plus sérieux, la muqueuse de l'œsophage peut être grandement enflammée, c'est ce qu'on appelle une œsophagite. Lorsqu'un reflux gastro-œsophagien survient pendant le sommeil, le temps nécessaire pour que le liquide corrosif retourne à l'estomac est prolongé à cause de l'altération de l'état de conscience. Ce temps peut facilement être deux fois plus long en cours de sommeil qu'en période d'éveil. La survenue de reflux nocturnes peut également occasionner des symptômes respiratoires tels que des crises d'asthme pendant la nuit. Près de un patient sur deux qui souffrent d'un problème de reflux gastro-œsophagien se plaint de perturbations du sommeil occasionnées par des reflux nocturnes. Il est donc important pour ces derniers de ne pas se coucher l'estomac plein et d'éviter l'alcool et les mets épicés en soirée. De plus, le fait de dormir en position de décubitus latéral gauche (sur le côté gauche) plutôt qu'en position de décubitus dorsal (sur le dos) peut aider la vidange gastrique. Les patients qui souffrent d'un

LE SYSTÈME DIGESTIF

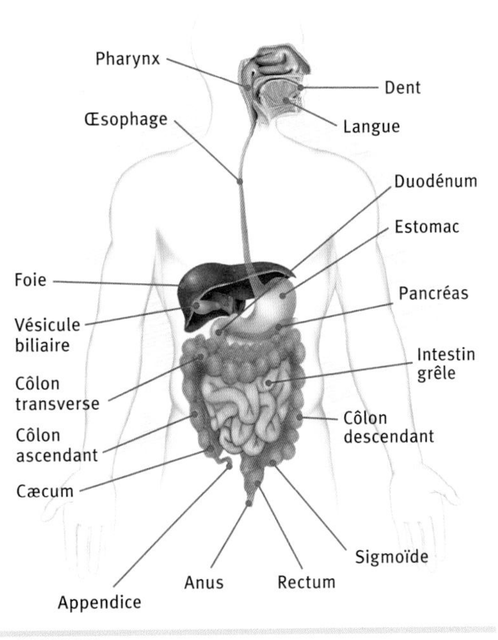

FIGURE 25

ulcère gastrique duodénal présentent aussi une recrudescence de leurs sensations de brûlures la nuit. L'utilisation d'antiacides en soirée peut réduire ces désagréments, mais une prise en charge médicale est recommandée dans le cas de troubles persistants.

Une fois passé par l'estomac, le bolus alimentaire parcourt les autres parties du tube digestif. Il est intéressant de noter que la distension de certaines parties de l'intestin peut entraîner de la somnolence. Le passage de la nourriture dans l'intestin peut aussi stimuler la sécrétion d'hormones intestinales comme la cholécystokinine ou la bombésine, ou de l'hormone pancréatique, l'insuline. Des études indiquent que ces hormones pourraient avoir un effet hypnogène (qui favorise le sommeil). De plus, la leptine, une hormone de satiété produite par les cellules adipeuses en réponse à un repas, contrecarre l'effet éveillant du système à orexine/hypocrétine décrit au chapitre 1. Il est donc possible que la production de substances intimement liées à l'alimentation contribue à faire somnoler certaines personnes après un bon repas...

LE SOMMEIL ET L'ALIMENTATION

Notre corps est ainsi fait qu'il s'attend à être privé de nourriture pendant environ huit heures, soit pendant une nuit de sommeil. Il n'est donc pas grave de ne pas manger si l'on dort, ce que traduit bien le dicton « Qui dort dîne » ! La situation est loin d'être périlleuse, en termes énergétiques, car les besoins métaboliques sont réduits pendant le sommeil. Les taux de glycémie (indice des taux de sucre ou de glucose dans le sang) se maintiennent d'ailleurs assez bien pendant une

SCAN CÉRÉBRAL (IRM) MONTRANT L'EFFET D'UNE NUIT SANS SOMMEIL

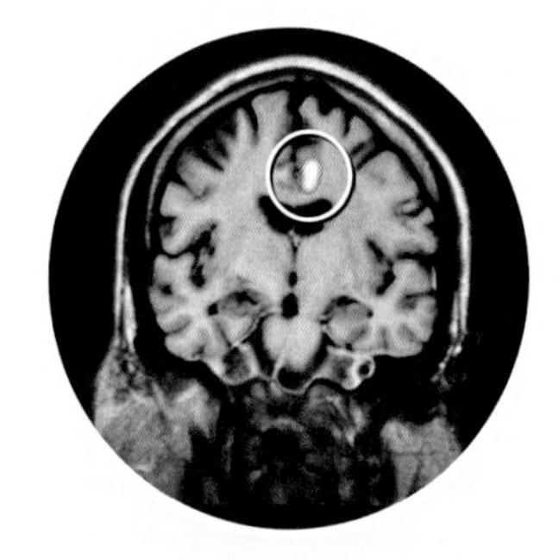
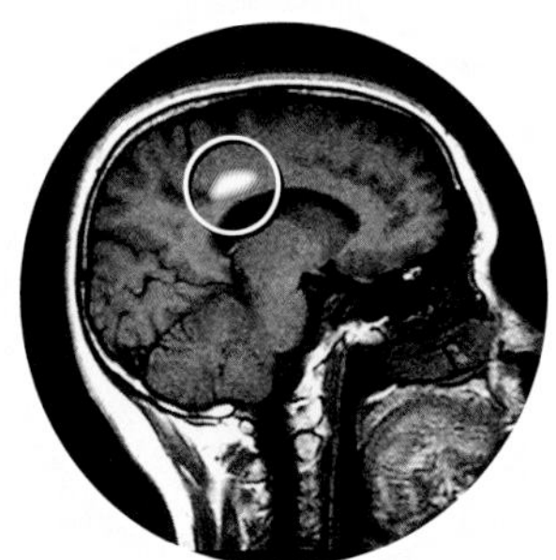
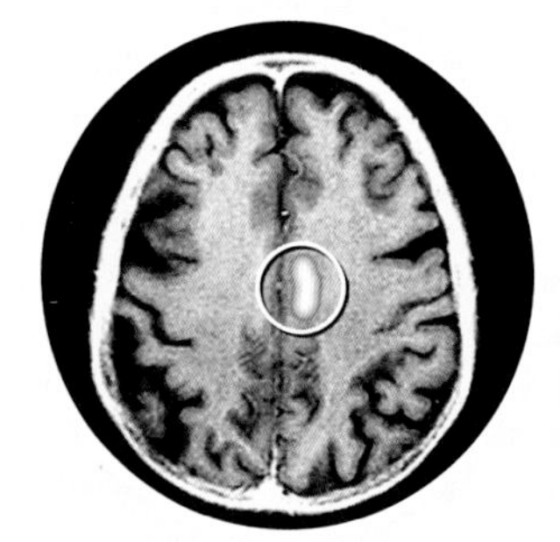

La région du cortex cingulaire antérieur droit est activée, le sujet trouvera plus appétissante sa nourriture s'il ne dort pas. L'intensité de l'activation de cette région passera du rouge (1) au blanc (4) sur l'échelle illustrée.

FIGURE 26

Adapté de Benedict et coll., 2012.

nuit de sommeil, même si l'apport alimentaire est interrompu. Ce résultat découle d'un ralentissement du métabolisme nocturne et d'une accessibilité amoindrie du glucose sanguin pour les cellules. L'organisme garde en effet son glucose plus longtemps dans le sang. La conséquence de cette adaptation du corps à une « disette nocturne passagère » est qu'il répond de manière inadéquate lorsque l'horaire des repas est subitement perturbé. Le corps métabolise en effet différemment la nourriture si elle lui est présentée la nuit plutôt que le jour.

Lorsque la glycémie augmente dans le sang à la suite d'un repas, le pancréas sécrète de l'insuline pour permettre au glucose d'entrer dans les cellules où il sera utilisé. Ce processus fera ensuite baisser la glycémie. Un repas riche en glucides – par exemple du pain, des pâtes, etc. – produit une hausse plus prononcée de la glycémie et de l'insuline s'il est consommé en début de nuit plutôt qu'en matinée ! Cette situation signale le développement d'une résistance passagère à l'effet de l'insuline. Ces modifications sont comparables à ce que l'on considère être un état à risque pour le développement du diabète sucré. De la même manière, un repas riche en graisses produira une hausse plus prononcée des taux de triglycérides dans le sang s'il est consommé en début de nuit plutôt qu'en matinée. Ces mécanismes peuvent rendre compte du risque accru, chez les travailleurs de nuit, de développer un diabète sucré et d'avoir des taux sanguins de cholestérol et de triglycérides trop élevés. Cela ne surprend pas car les travailleurs de nuit mangent et dorment à des heures irrégulières, non conventionnelles, et ingèrent souvent des repas plus riches en sucres et en gras que les travailleurs de jour.

EFFET DE LA RESTRICTION DE SOMMEIL SUR LA SÉCRÉTION DE LEPTINE, HORMONE DE LA SATIÉTÉ

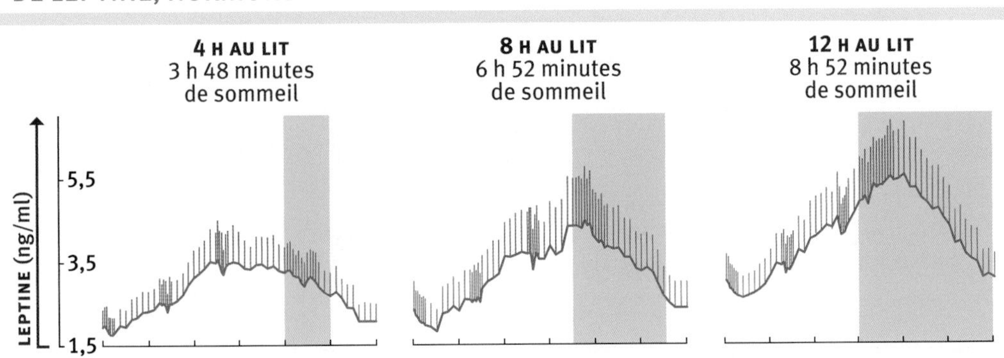

Plus courte est la durée du sommeil, plus les niveaux de leptine chutent, ce qui augmente l'appétit.

FIGURE 27

Adapté de Van Cauter et coll., 2008.

En plus d'affecter les besoins énergétiques, le sommeil et le manque de sommeil exercent une influence importante sur la régulation de l'appétit (figure 26). Une variation de deux hormones essentielles à la régulation de l'appétit, soit la leptine et la ghréline, survient au cours de la journée (figure 27). Cette variation diurne est principalement le résultat de l'alternance des périodes de sommeil et d'éveil. La nuit, les taux de leptine augmentent, ce qui signale au corps qu'il n'a pas besoin de s'alimenter, et ce signal de satiété est renforcé par le rythme diurne de la ghréline. Bien que les taux de ghréline soient élevés en début de nuit, ils diminuent en fin de nuit malgré l'absence de nourriture dans l'organisme. Le rythme diurne de ces deux hormones fait donc que la nuit le corps ne ressent pas la faim, à moins bien sûr d'avoir manqué de nourriture la veille.

LA RESTRICTION DE SOMMEIL ET LES TROUBLES MÉTABOLIQUES

La privation totale de sommeil perturbe la sécrétion nocturne de la leptine. Les taux de leptine, l'hormone de la satiété, sont alors réduits. Passer une nuit blanche stimule donc l'appétit... La restriction chronique de sommeil affecte aussi les taux de plusieurs hormones et le métabolisme des sucres. Manquer régulièrement plusieurs heures de sommeil par nuit altère la réponse de l'organisme à l'ingestion de glucides le matin. Ainsi, les taux de glucose et d'insuline sont plus élevés après les muffins du matin si on ne dort que quatre heures par nuit. Cette situation indique une tolérance anormale à l'ingestion de glucose, ce qui est un facteur de risque pour développer un diabète sucré. Le phénomène est d'ailleurs possiblement amplifié par l'augmentation des taux de cortisol, une hormone liée au stress et qui répond à la restriction chronique de sommeil. Or, le cortisol nuit à l'action de l'insuline et perturbe davantage le métabolisme des sucres.

La restriction de sommeil est une situation fréquente dans la société moderne. Elle affecte particulièrement les patients souffrant de troubles du sommeil et peut contribuer à l'augmentation du risque de troubles métaboliques avec l'âge. La restriction de sommeil provoque une baisse de la sécrétion de leptine et une augmentation de la sécrétion de ghréline. Ces deux changements hormonaux portent les patients à manger, la nuit, lorsqu'ils ne parviennent pas à dormir. Manquer régulièrement ne serait-ce que deux heures de sommeil par nuit serait suffisant pour augmenter la faim d'individus qui souffrent déjà d'embonpoint ! Cela peut être particulièrement problématique pour les patients obèses qui souffrent d'apnées du sommeil et qui tentent de perdre du poids pour améliorer la prise en charge de leur trouble du sommeil (chapitre 8).

Que retenir de ce chapitre ?

- Les mécanismes plus végétatifs du système nerveux autonome prédominent en sommeil, particulièrement en sommeil lent profond.
- En phase de sommeil paradoxal, le cerveau est presque aussi actif qu'en phase d'éveil mais les régions plus actives diffèrent de celles qui sont plus actives à l'éveil.
- Le rythme cardiaque et la tension artérielle diminuent au cours du sommeil pour atteindre leur minimum en sommeil lent profond. Les valeurs remontent en sommeil paradoxal et après le lever matinal. Le sommeil a donc un effet protecteur sur le système cardiovasculaire.
- Le sommeil correspond à un état de conservation d'énergie. La température corporelle et le métabolisme chutent au cours du sommeil.
- Le sentiment de faim diminue au cours de la nuit et le métabolisme des sucres et des gras ralentit.
- Consommer des repas copieux tard le soir ou, pire, en pleine nuit peut engendrer une hausse des taux sanguins de sucres et de gras.
- La privation de sommeil, même de quelques heures par nuit, perturbe l'appétit et le métabolisme. Cette situation peut ainsi contribuer au gain de poids.

Il se trouva fort dépourvu lorsque l'hiver fut venu.

CHAPITRE 6

En attendant le Prince charmant

Sommeil, éveil, lumière et humeur

Les perturbations du sommeil et la fatigue sont choses courantes dans les troubles psychologiques et psychiatriques. Elles peuvent même exacerber les malaises ressentis par les patients et augmenter les risques de rechutes. Les patients qui souffrent de troubles tels que la dépression, la maladie bipolaire, l'anxiété, le trouble dysphorique prémenstruel ou la schizophrénie montrent souvent des perturbations chroniques et sévères de leur cycle veille-sommeil. La plupart des médicaments utilisés en psychiatrie affectent l'un ou l'autre des aspects du sommeil ou des rythmes circadiens. Il est donc important de comprendre l'association entre les troubles du sommeil, l'horloge biologique et la santé mentale. Ces connaissances ont permis d'élaborer des approches de traitement basées sur le contrôle des cycles veille-sommeil et lumière-obscurité. Il s'agit d'approches comme la luminothérapie, la thérapie de maintien de l'éveil, les modifications de l'horaire de sommeil et la thérapie des rythmes sociaux.

L'HORLOGE BIOLOGIQUE INFLUENCE L'HUMEUR

Une étude sophistiquée menée en isolation temporelle auprès de participants sains (Boivin et coll., 1997) a révélé que l'humeur des humains varie au cours de la journée, et atteint un plancher en fin de nuit et un sommet en fin de soirée. Cette variation est en partie expliquée par l'heure interne de leur horloge biologique et en partie par l'horaire de sommeil. Au cours de cette étude, les participants vivaient dans une chambre privée faiblement éclairée et selon un horaire de vingt-huit heures. La consigne était qu'ils devaient se coucher quatre heures plus tard d'un jour à l'autre. Une telle situation crée un état de décalage horaire qui permet d'explorer l'effet des fuseaux horaires internes sur l'humeur, la vigilance et le sommeil. Les participants rapportaient l'état de leur humeur sur une échelle variant de très heureux à très triste plusieurs fois par heure pendant près de un mois. Cette étude a démontré que de légers changements dans l'horaire de sommeil peuvent affecter l'humeur, même chez les personnes qui n'ont aucune histoire personnelle ou familiale de dépression ou de trouble psychiatrique. C'est d'ailleurs un peu ce qui survient le lundi matin lorsqu'on rentre travailler après un week-end bien rempli.

En effet, il est fréquent, surtout chez les jeunes adultes, de sortir tard le soir et de paresser au lit les jours de congé. Ces changements dans l'horaire de sommeil seraient suffisants pour déplacer quelque peu notre horloge biologique vers des heures plus tardives. Le dimanche soir, on peut alors ressentir de la difficulté à s'endormir. Et le lundi matin, lorsque le réveil sonne, on se réveille à l'heure biologique interne qui affiche les plus bas niveaux de l'humeur. Ce phénomène est connu sous le nom de « décalage horaire du lundi matin ». Si on a moins le cœur au travail le lundi matin, c'est en partie à cause de notre horloge biologique ! Si une personne se reconnaît dans cette description et en souffre beaucoup, le meilleur conseil à lui donner est d'éviter le plus possible les changements dans ses heures de coucher et de lever. Souvenez-vous, la régularité a bien meilleur goût !

L'EFFET DE LA LUMIÈRE SUR L'HUMEUR

Des études menées dans la population ont démontré que l'humeur et le comportement des personnes varient avec les saisons dans les pays soumis à des changements marqués de luminosité. Durant les mois d'hiver, les gens ont souvent tendance à dormir plus, à manger plus de glucides – le fameux *comfort food* – et à ressentir une baisse d'énergie et une humeur changeante. L'importance de ces changements varie d'une personne à l'autre selon un continuum qui comprendrait à une extrémité les individus résistants et à l'autre, des patients souffrant de troubles sévères. Certaines personnes sont donc tout aussi énergiques l'hiver que l'été, alors que d'autres souffrent énormément des changements de saisons et peuvent faire une dépression même après le changement d'heure de l'automne. On parle alors de dépression saisonnière de type hivernal. Une forme moins grave de dépression qui ne répond pas à tous les critères de dépression majeure est qualifiée de dépression subclinique. Le bagage génétique d'une personne influencerait sa vulnérabilité aux dépressions saisonnières. Il est d'ailleurs intéressant de noter que les Canadiens d'origine islandaise sont plus résistants à la dépression saisonnière que la population canadienne en général (Magnusson et coll., 1993). Cette observation suggère qu'un processus de sélection naturelle serait survenu en Islande, un pays qui présente des variations très marquées de luminosité avec les saisons. Ainsi, les personnes plus résistantes auraient été avantagées dans leur survie et leur capacité à se reproduire. Par ailleurs, d'autres troubles d'ordre psychiatrique présentent une variation de gravité selon les saisons. Les patients souffrant de maladie affective bipolaire, par exemple, ont un risque accru de rechute en phase d'hypomanie et de manie au printemps et à l'été, et ont une tendance accrue à la dépression à l'automne et à l'hiver.

QUAND ON SOUFFRE DE DÉPRESSION SAISONNIÈRE

L'expression « dépression saisonnière » a été proposée en 1984 par Rosenthal et ses collègues pour décrire un trouble de l'humeur récurrent et associé aux saisons. La forme la plus fréquente est qualifiée d'hivernale. Dans cette forme, les patients plongent dans une dépression majeure qui s'installe à l'automne, persiste tout l'hiver et s'estompe au printemps et à l'été. Ces troubles sont récurrents, avec rechute et guérison spontanées les automnes et printemps suivants. Les malaises ressentis par les patients sont considérés comme atypiques, car ils diffèrent de ceux qui sont

VARIATION SAISONNIÈRE DE LA PHOTOPÉRIODE (LUMIÈRE) ET LA SCOTOPÉRIODE (NOIRCEUR) À MONTRÉAL

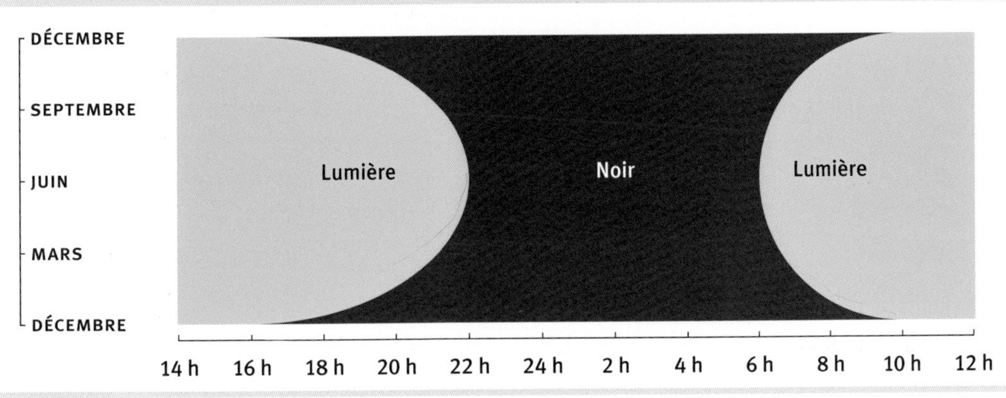

FIGURE 28

généralement ressentis au cours d'une dépression majeure. Les patients ont alors tendance à dormir plus la nuit, se plaignent souvent de fatigue et de somnolence le jour, ainsi que d'une réduction notable de leur énergie, et ils ont un attrait prononcé pour les glucides, prenant souvent plusieurs kilos au cours de l'hiver (figure 29). La réduction de la photopériode, ou durée d'exposition quotidienne à la lumière (figure 28), et la baisse de luminosité dans l'environnement contribuent à l'apparition de ce trouble de l'humeur.

Le traitement de choix proposé pour traiter la dépression saisonnière est la luminothérapie. Des études récentes suggèrent en effet que la lumière vive améliorerait le fonctionnement de neurotransmetteurs importants dans le maintien de l'humeur, dont la sérotonine (Aan het Rot et coll., 2010). La sécrétion de mélatonine a aussi été mise en cause dans la dépression saisonnière. La mélatonine, aussi appelée l'hormone de la noirceur, est sécrétée la nuit par la glande pinéale chez toutes les espèces animales. Chez l'être humain, la sécrétion de mélatonine commence en début de soirée, atteint un sommet en milieu de nuit et cesse en matinée ; elle se fait donc pendant que nous dormons. La mélatonine est en fait l'hormone qui signale à l'organisme le début et la fin de la période de noirceur appelée la scotopériode. Lorsque des individus sont exposés à de la lumière vive pendant seize heures le jour et à de la noirceur pendant huit heures la nuit – simulant une photopériode estivale –, ils sécrètent de la mélatonine moins longtemps. Lorsqu'ils sont exposés à de la lumière vive pendant dix heures le jour et à de la noirceur pendant quatorze heures la nuit – simulant une photopériode hivernale –, ils sécrètent de la mélatonine plus longtemps.

Ces observations soulèvent la possibilité que le plus haut taux de mélatonine observé chez les patients souffrant de dépression saisonnière contribue à leur état dépressif. D'autres chercheurs pensent que c'est plutôt l'horaire de sécrétion de la mélatonine qui est problématique. Par exemple, en 2006, Alfred Lewy et ses collègues, en Oregon, ont émis l'hypothèse que l'horloge biologique pourrait être décalée à des heures trop tardives chez ces patients. Selon eux, des traitements de luminothérapie planifiés le matin permettraient de corriger ce décalage de l'horloge biologique, car l'exposition à la lumière à ce moment permet d'avancer les rythmes circadiens à des heures plus précoces. L'efficacité de la luminothérapie serait légèrement supérieure le matin qu'en soirée. Cette hypothèse fait encore l'objet de discussions, car la luminothérapie en soirée est elle aussi efficace, même si elle a tendance à décaler encore plus les rythmes biologiques.

La dépression saisonnière répondrait aussi favorablement à la privation de sommeil. Ainsi, une amélioration de l'humeur fut observée chez 52 % des patients, comparativement à 29 % des sujets en santé,

La luminothérapie

La luminothérapie consiste en l'exposition à des sources de lumière vive comme traitement de la dépression. Divers types de lampes sont commercialisés pour usage médical et sont utilisés principalement pour traiter la dépression saisonnière et les troubles des rythmes circadiens. La luminothérapie représente le traitement de choix de la dépression saisonnière de type hivernal. En effet, la baisse de luminosité de l'environnement naturel dès l'automne est considérée comme le facteur principal précipitant un état dépressif hivernal. Des essais de luminothérapie ont été tentés dans le traitement d'autres troubles mentaux tels que la dépression sévère, la maladie affective bipolaire et le trouble dysphorique prémenstruel. Les bénéfices obtenus dans le cas de ces maladies ont été moindres que pour la dépression saisonnière ; dans ces cas, la luminothérapie est donc envisagée comme complément au traitement pharmacologique. La décision d'utiliser ou non la luminothérapie devrait toutefois être prise après discussion avec le médecin traitant à cause des risques que cette approche comporte. Le risque le plus sérieux est d'entraîner un état d'hypomanie et de manie chez un patient qui souffre du trouble affectif bipolaire. D'autres malaises tels que des maux de tête ou de l'irritabilité peuvent être ressentis.

Pour traiter la dépression saisonnière, les sessions de luminothérapie sont généralement programmées le matin et durent de trente à soixante minutes. Mais s'il est difficile pour une personne d'effectuer ces sessions le matin, elles seront aussi bénéfiques à d'autres moments de la journée. Par contre, le soir, la luminothérapie pourrait être trop stimulante et rendre l'endormissement plus difficile. Lors de la séance de luminothérapie, il n'est pas nécessaire de regarder la lampe constamment. On recommande généralement aux patients d'installer la lampe dans leur environnement, à environ 30 ou 60 cm d'eux, par exemple sur la table au petit déjeuner, et de la regarder de manière intermittente, le plus souvent possible.

SYMPTÔMES DE LA DÉPRESSION SAISONNIÈRE

Critères généraux

- Des symptômes de dépression sévère se développent à un moment particulier de l'année. Dans la forme hivernale, les symptômes dépressifs apparaissent à l'automne et persistent tout l'hiver. La forme estivale est beaucoup plus rare.
- Les symptômes dépressifs disparaissent spontanément et complètement lorsque la saison se termine. Ainsi les symptômes de dépression hivernale s'estompent au printemps et sont absents l'été. Ils réapparaissent au cours de l'automne et l'hiver suivants.
- Ce modèle de variation de l'humeur avec les saisons est observé pendant au moins deux années consécutives.
- Des changements marqués sont notés au fil des saisons dans les interactions sociales, la durée des épisodes de sommeil, l'humeur, l'appétit, le poids et les niveaux d'énergie.

Symptômes dépressifs

- Humeur dépressive, sentiment d'impuissance, autodépréciation.
- Fatigue importante, manque d'énergie.
- Tendance à dormir plus et difficulté à sortir du lit le matin.
- Tendance à manger plus de nourriture riche en gras et en glucides.
- Gain de poids.

FIGURE 29

Adapté de Rosenthal et coll., 1984, et de Lam et Levitt, 1999.

après traitement par privation de sommeil. Ce taux d'amélioration est similaire à celui qui est rapporté pour les cas de dépression sévère.

Une forme estivale de dépression saisonnière existe également. Elle est beaucoup plus rare que la forme hivernale, et donc très peu étudiée, de sorte qu'il demeure difficile d'en déterminer les causes. Il est possible que la chaleur excessive ou d'autres facteurs encore incompris, ou même l'interruption des sports d'hiver pour les gens qui en raffolent, contribuent à son apparition.

POUR CULTIVER LA BONNE HUMEUR

La privation de sommeil peut affecter négativement l'humeur même chez des personnes en santé. Chez les patients déprimés, par contre, cette manipulation s'accompagne souvent d'un effet antidépresseur. À la fin des années 1970, les scientifiques ont remarqué que bon nombre de patients dépressifs présentaient une variation de l'humeur au cours de leur journée. Ils s'éveillaient souvent le matin dans un état de tristesse marquée qui s'améliorait progressivement au cours de la journée jusqu'à l'heure du coucher. On parle alors de variation positive de l'humeur au cours de la journée. Cette observation est la raison pour laquelle on a élaboré des essais de traitement proposant aux patients de rester éveillés toute une nuit. On a observé avec cette approche des succès thérapeutiques chez 50 à 60 % des patients dépressifs, particulièrement chez ceux qui présentaient une variation diurne positive de l'humeur. On a rapporté de tels succès avec privation de sommeil totale (toute la nuit) ou partielle (surtout la dernière moitié de la nuit), et avec privation sélective de sommeil paradoxal (les phases de rêve). Ce résultat est intéressant car il permet d'offrir une approche complémentaire à l'utilisation d'antidépresseurs. En effet, la privation de sommeil, lorsqu'elle fonctionne, produit un effet antidépresseur immédiat, tandis que les médications antidépressives mettent généralement plusieurs semaines à agir. On utilise maintenant l'expression plus attrayante de « thérapie de maintien de l'éveil » pour désigner cette approche.

En clinique cependant, cette démarche est rarement utilisée, et cela pour plusieurs raisons. D'une part, il est difficile d'organiser une surveillance médicale adéquate ; d'autre part, l'effet thérapeutique est variable d'un patient à l'autre et d'une nuit à l'autre chez un même patient. De plus, l'effet antidépresseur est limité dans le temps et des rechutes dépressives ont été rapportées après une sieste aussi courte que quinze minutes suivant une nuit totale de privation de sommeil. Cette dernière peut également induire un état de manie ou d'hypomanie chez un patient bipolaire. On doit donc discuter de ce traitement avec son médecin traitant. Les études d'imageries cérébrales ont permis de découvrir un sous-groupe de patients dépressifs qui répondent favorablement à la privation de sommeil et chez qui l'activité cérébrale est accrue, par rapport à la moyenne des gens, dans des régions du cerveau importantes pour le contrôle des émotions telles que le cortex cingulaire antérieur ventral, le système limbique et l'amygdale cérébrale. Chez eux, la privation de sommeil a pour effet de réduire l'hyperactivité de ces régions et donc d'en normaliser le fonctionnement (figure 30).

PRIVATION DE SOMMEIL ET CERVEAU DE PATIENTS DÉPRESSIFS

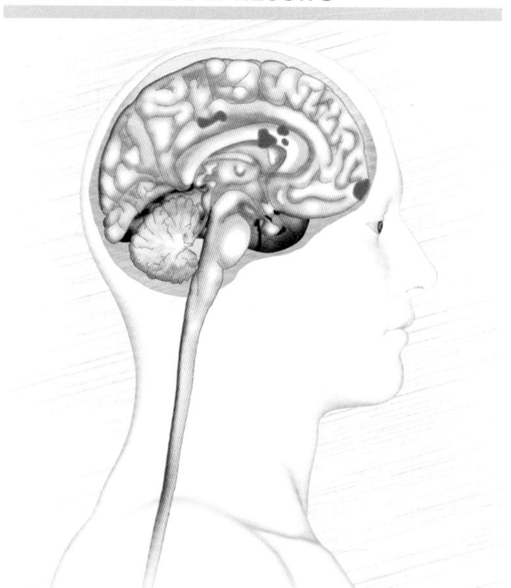

Certaines zones cérébrales sont hyperactives chez les patients dépressifs. Ces zones répondent à la privation de sommeil en diminuant leur niveau d'activité, ce qui provoque un effet antidépresseur.

FIGURE 30 Adapté de Clark et coll., 2006.

LA DÉPRESSION ET LE SOMMEIL

La dépression majeure est l'une des principales causes d'invalidité à l'échelle mondiale. Près de 12 % des humains risquent d'en souffrir à un moment ou à un autre au cours de leur vie. Lors d'un épisode aigu de dépression, les patients rapportent se sentir tristes, dépressifs la plupart du temps, et ce, pendant plusieurs semaines consécutives. L'appétit est souvent altéré, entraînant parfois une perte de poids substantielle. Les patients sont souvent fatigués au cours de la journée, en manque d'énergie, et affichent un désintéressement général pour leur travail, leurs activités sociales et la vie en général. Des sentiments de culpabilité démesurés apparaissent, et il n'est pas rare pour ces patients de considérer la mort comme un état désirable, parfois avec des idées et des plans suicidaires francs.

Presque tous les patients dépressifs rapportent des perturbations du sommeil qui se caractérisent dans 80 à 90 % des cas par la difficulté à s'endormir, un sommeil perturbé par des éveils répétés ou écourté en raison d'un éveil matinal précoce. À l'inverse, certains patients dormiront davantage en phase dépressive, un phénomène qualifié d'hypersomnie. On rapporte de l'hypersomnie dans 6 à 35 % des cas, selon les études effectuées jusqu'ici. On observe souvent ce changement dans le sommeil des adolescents et des patients souffrant de maladie affective bipolaire et de dépression saisonnière de type hivernal. L'organisation interne du sommeil est alors perturbée. On remarque une diminution notable du sommeil lent profond au cours duquel une personne récupère normalement de la fatigue accumulée la journée précédente. On remarque également une perturbation dans la distribution du sommeil paradoxal au cours de la nuit. Chez une personne en santé, les premiers cycles de sommeil sont riches en sommeil lent profond, alors que les cycles de sommeil en fin de nuit présentent beaucoup plus de sommeil paradoxal. Les patients dépressifs peuvent présenter beaucoup plus de sommeil paradoxal en début de nuit que les personnes saines.

Plusieurs indices nous suggèrent un rôle des rythmes circadiens dans la dépression. Par exemple, on a observé dans la dépression des perturbations des rythmes circadiens telles qu'une diminution de l'amplitude de la courbe de la température corporelle et de la sécrétion de cortisol et de mélatonine. D'autres études indiquent que la sensibilité rétinienne à la lumière peut être altérée dans la dépression. La traversée de fuseaux horaires et le travail selon des horaires atypiques (comportant des quarts de nuit) représentent d'ailleurs des situations à risque si l'on souffre d'un trouble mental.

Influencée principalement par l'horloge biologique, la proportion du sommeil paradoxal au cours de la nuit est normalement maximale en fin de nuit. Les perturbations du rythme diurne du sommeil paradoxal dans la dépression ont poussé les scientifiques du National Institute of Mental Health à proposer dans les années 1980 un modèle de la dépression basé sur une perturbation de l'horloge biologique (Wehr et Wirz-Justice, 1981). Ce modèle, qu'on connaît sous le nom de « coïncidence interne », suggère qu'un décalage interne entre l'horloge biologique et l'horaire de sommeil contribuerait à l'apparition de la dépression chez des personnes à risque. Il a amené une approche de soin appelée « traitement par avance de phase », qui exige du patient de se coucher de cinq à six heures plus tôt qu'à son habitude. Cette approche aurait des effets bénéfiques chez environ un patient sur deux. Ce rôle présumé des rythmes circadiens et du cycle veille-sommeil dans la dépression sert aussi de base scientifique au développement de nouveaux médicaments antidépresseurs. Par exemple, l'agomélatine (non disponible au Canada), qui agit à la fois sur les récepteurs à mélatonine et à sérotonine, exerce une action antidépressive tout en améliorant le sommeil des patients.

D'autres recherches seront nécessaires pour comprendre les changements circadiens liés à la dépression, mais la perturbation des rythmes circadiens n'est certainement pas le seul facteur en cause, car on remarque également une perturbation des besoins généraux de sommeil. Une baisse du besoin homéostatique de dormir pourrait donc témoigner des perturbations du sommeil lent profond dans la dépression.

Les femmes sont environ deux fois plus à risque que les hommes de souffrir de dépression et d'insomnie. Il est clair aujourd'hui que l'insomnie est un facteur de risque important dans l'apparition de la dépression. Près de 40 % des patients disent avoir souffert d'insomnie isolée (c'est-à-dire sans dépression) dans les années précédant l'apparition de la dépression. Ce pourcentage atteindrait 55 % chez les patients qui souffrent de dépression récurrente (plusieurs épisodes de dépression majeure). En comparaison, environ un tiers des patients rapportent que l'insomnie est apparue en même temps que leur tableau dépressif. Un autre tiers rapporte que l'insomnie s'est manifestée après la dépression. Par ailleurs, la persistance de l'insomnie après une phase de dépression est un facteur de risque de rechutes dépressives futures. En résumé, les perturbations du sommeil, la fatigue et le désintéressement général sont les symptômes les plus fréquents rapportés entre les épisodes dépressifs et ils surviennent chez environ 30 à 40 % des patients. On a également noté un lien entre l'insomnie et les tendances suicidaires chez les patients dépressifs.

HYPNOGRAMMES MONTRANT LES STADES DU SOMMEIL CHEZ DEUX HOMMES, DU MÊME ÂGE ENVIRON, L'UN BIPOLAIRE, L'AUTRE SAIN

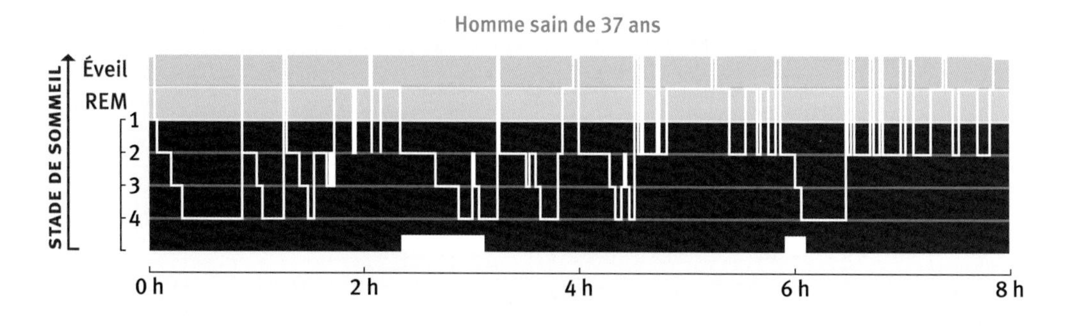

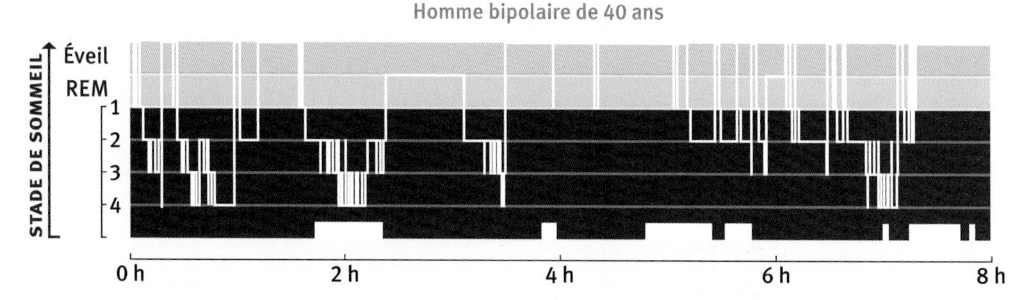

FIGURE 31 Hypnogrammes de deux hommes, laboratoire du Dr D. B. Boivin.

LA MALADIE AFFECTIVE BIPOLAIRE

La maladie bipolaire est caractérisée par l'alternance de phases dépressives et de phases de manie ou d'hypomanie chez un même patient. Les patients rapportent qu'au cours de leurs périodes dépressives, ils ont l'humeur triste et ressentent une baisse d'énergie, un manque de motivation et d'intérêt général, souvent avec des idées récurrentes de culpabilité et des pensées suicidaires. Durant ces périodes, ils ont tendance à dormir davantage, à avoir beaucoup de peine à sortir du lit le matin, bien que certains disent aussi souffrir d'insomnie.

Les phases d'hypomanie sont caractérisées par une très grande énergie, un sens de l'entrepreneuriat investi dans plusieurs projets simultanés, une productivité accrue et une libido débordante. L'abus d'alcool et de drogues est chose courante. Parfois, ces épisodes sont si marqués que des idées délirantes s'installent, causant une perte de contact avec la réalité. On parle alors de manie. Les patients agités peuvent devenir irritables, voire violents, et les démêlés avec la justice ne sont pas rares. Pendant ces périodes, les patients peuvent dépenser à outrance, occasionnant des situations difficiles sur les plans financier et personnel (par exemple l'achat de plusieurs voitures, de vêtements ou de matériel audiovisuel et informatique très cher). Dans les périodes de manie et d'hypomanie, les patients rapportent généralement qu'ils dorment moins, parfois à

CERCLE VICIEUX DU MANQUE DE SOMMEIL CHEZ UN PATIENT BIPOLAIRE

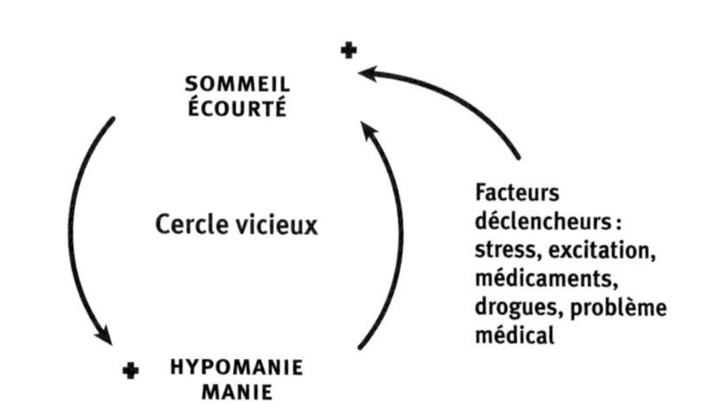

Plus le patient manque de sommeil, plus il devient agité, moins il dort...

FIGURE 32

peine, sans ressentir de fatigue au cours de la journée qui suit. Les phases de tristesse et d'agitation peuvent durer quelques semaines ou quelques mois chacune. Par contre, certains patients alternent rapidement entre ces phases, qui durent à peine quelques jours et parfois même quelques heures au cours de la même journée. On parle alors de cycles rapides de la maladie bipolaire, un état souvent entremêlé d'un grand sentiment d'anxiété, d'irritabilité et de sautes d'humeur.

Les causes de la maladie affective bipolaire sont complexes, mais on sait aujourd'hui qu'une prédisposition génétique augmente le risque d'en souffrir. Les personnes qui ont des parents qui en sont atteints ont donc plus de risques de développer la maladie, surtout lorsqu'il est question de la famille rapprochée (père, mère, frère, sœur). Cette maladie découle d'un dysfonctionnement de systèmes de neurotransmetteurs en cause dans le contrôle des émotions.

Les variations dans les besoins de sommeil font partie intégrante des facteurs de changements d'humeur des patients bipolaires. Des changements dans l'organisation du sommeil peuvent persister même lors des phases de rémission (figure 31). Avec l'expérience, les patients bipolaires apprennent à porter attention aux changements dans leurs heures de lever et de coucher. Ainsi, lorsqu'ils commencent à dormir moins et à ressentir plus d'énergie au cours de la journée, ils soupçonnent l'apparition d'une phase d'hypomanie. Ils doivent alors redoubler d'attention, et parfois même voir leur médecin afin d'éviter d'entrer dans un cercle vicieux au cours duquel ils dormiraient de moins en moins d'un jour à l'autre (figure 32). Il s'agit en effet d'une phase critique pour eux, car le manque de sommeil aggrave le risque de manie. La stabilisation de la période de sommeil dans une noirceur totale peut aider à réduire le risque de décompensation en phase de manie.

Le traitement de la maladie affective bipolaire est avant tout pharmacologique. Il convient en effet de pallier les déficiences des systèmes de neurotransmetteurs cérébraux. En d'autres mots, il faut corriger les déséquilibres chimiques du cerveau et stabiliser l'humeur pour éviter le plus possible les cycles de phases dépressives et d'hypomanie et de manie. Par conséquent, les patients doivent souvent faire le deuil de cet état d'euphorie et d'énergie débordante qu'ils ressentent en phase d'hypomanie. Des essais de traitement utilisant la privation de sommeil et la luminothérapie ont été tentés en association avec la médication. Ces essais cliniques ont été planifiés en phase dépressive et sous surveillance médicale à cause des risques de précipitation des patients hypomaniaques en phase de manie. Si une personne souffre de maladie affective bipolaire, elle ne doit pas tenter ces démarches par elle-même sans en avoir discuté avec son médecin traitant. Par contre, elle aura tout à gagner à mettre en place dans sa vie une approche dite de contrôle des rythmes sociaux. Élaborée par l'équipe d'Ellen Frank, de l'Université de Pittsburgh, cette approche vise à régulariser l'horaire des activités quotidiennes telles que les heures du coucher et du lever, la prise des repas, les activités domestiques et professionnelles, ainsi que les interactions sociales. Intégrée à une psychothérapie dynamique et combinée aux bons médicaments, cette approche a donné des résultats supérieurs à l'approche conventionnelle.

LE TROUBLE DYSPHORIQUE PRÉMENSTRUEL

De 3 à 8 % des femmes en Amérique du Nord affirment souffrir de troubles sévères de l'humeur dans les semaines précédant leurs périodes menstruelles. Les malaises commencent généralement une dizaine de jours avant les règles et disparaissent avec ces dernières (figure 33). Au cours de cette période, les patientes ressentent beaucoup de tristesse, une baisse d'intérêt général, de l'anxiété, de l'irritabilité, et parfois même de la colère. Elles ont des sautes d'humeur qui compliquent leurs relations professionnelles et empoisonnent leur vie personnelle. Les troubles du sommeil font partie intégrante de ces épisodes. En effet, 70 % des patientes rapportent qu'elles ont un sommeil perturbé et non réparateur, ainsi que de la fatigue au cours de la journée. Certaines observations laissent

SYMPTÔMES DU TROUBLE DYSPHORIQUE PRÉMENSTRUEL

Critères généraux

- Des symptômes dépressifs apparaissent pendant la semaine précédant les menstruations.
- Au cours de l'année, ces symptômes sont présents pendant au moins cinq cycles menstruels.
- Les troubles sont sévères au point d'interférer avec le travail, les études ou les activités sociales.

Symptômes dépressifs

- Humeur dépressive, sentiment d'impuissance, autodépréciation.
- Anxiété marquée et sautes d'humeur.
- Colère et irritabilité qui engendrent des conflits interpersonnels.
- Baisse d'intérêt dans les activités habituelles (travail, école, interactions sociales).
- Troubles de concentration.
- Manque d'énergie, léthargie, fatigabilité.
- Changement d'appétit, attrait accru pour certaines nourritures (par exemple, des « rages de sucre »).
- Insomnie ou hypersomnie.
- Malaises physiques tels que céphalées, gain de poids, gonflement et sensibilité des seins, douleurs musculaires et articulaires.

FIGURE 33 Adapté du DSM-IV (American Psychiatric Association, 1994).

croire que leur besoin de sommeil serait accru pendant cette période.

Les causes du trouble dysphorique prémenstruel ne sont pas clairement élucidées. Parmi les trouvailles intéressantes pouvant expliquer ce phénomène, on note une déficience de circuits de neurotransmetteurs tels que la sérotonine. On a aussi remarqué chez les patientes une baisse de la sécrétion de progestérone et d'alloprégnanolone (un métabolite de la progestérone ayant des effets bénéfiques sur le sommeil et contre l'anxiété) comparativement aux femmes en santé. Un défaut de sécrétion de la mélatonine et possiblement une sensibilité réduite à l'effet biologique de cette dernière pourrait aussi être en cause. Dans les cas graves, il est nécessaire de considérer l'usage de médicaments antidépresseurs. Tout comme pour les autres troubles mentaux, des succès ont été constatés à l'emploi de la luminothérapie, mais il faudra étudier davantage le phénomène pour confirmer cette observation.

L'ANXIÉTÉ

L'anxiété est le trouble à caractère psychologique qui affecte le plus grand nombre d'individus: près d'une personne sur cinq en souffrira au cours de sa vie. L'anxiété se caractérise par une préoccupation excessive concernant des situations fâcheuses qui pourraient survenir (figure 34). Les patients sont alors préoccupés à outrance de ce qui pourrait survenir de déplaisant dans un avenir proche ou lointain. Leur cerveau s'emploie constamment à imaginer les scénarios possibles et les façons d'y faire face, scénarios qui les envahissent même à l'heure du coucher. Dans les cas graves, des attaques de panique incontrôlables surgissent, attaques souvent déclenchées par des incidents anodins, soit ceux qui ne mettent pas en jeu la vie ou la

SYMPTÔMES CLINIQUES DU TROUBLE GÉNÉRALISÉ D'ANXIÉTÉ

- Préoccupations excessives en regard d'évènements fâcheux qui pourraient survenir.
- Anxiété difficile à contrôler et invalidante sur les plans personnel et social.
- Sensation d'impatience, de tension interne.
- Fatigabilité.
- Tensions musculaires.
- Manque de concentration.
- Pertes de mémoire.
- Irritabilité.
- Difficulté à s'endormir et réveils nocturnes.
- Sommeil agité, non réparateur.
- Attaques de panique subites avec respiration rapide, palpitations, étourdissements, tremblements, sensation de suffoquer.

FIGURE 34 Adapté du DSM-IV (American Psychiatric Association, 1994).

sécurité de la personne. Un lien très fort existe entre l'insomnie et l'anxiété chronique (chapitre 4).

LA SCHIZOPHRÉNIE

La schizophrénie est l'une des maladies psychiatriques les plus graves. Elle se manifeste par une altération de la pensée et l'apparition d'idées délirantes, hors de la réalité, et d'hallucinations. Les hallucinations les plus fréquentes sont de nature visuelle ou auditive, le patient voyant ou entendant des choses qui n'existent pas. Mais d'autres types d'hallucinations ont également été décrits : avoir un goût amer dans la bouche, sentir des odeurs nauséabondes ou de putréfaction, sentir que quelqu'un ou quelque chose touche le corps, percevoir ses membres se déplacer dans l'espace. Les patients élaborent souvent une pensée délirante autour de leurs hallucinations. Ces symptômes minent généralement les relations sociales et entraînent fréquemment un état de méfiance exagéré de la part du patient et son retrait social. Le sommeil des patients schizophrènes est très souvent perturbé, pauvre en sommeil lent profond, et marqué par un horaire anormal, décalé. Plusieurs mentions ont été faites de patients schizophrènes qui inversent carrément leur horaire de sommeil pour dormir le jour et vivre la nuit. Cet état, qui comporte certainement une base biologique, aggrave d'autant plus leur retrait social.

Les troubles de sommeil font partie inhérente du tableau clinique de presque tous les troubles psychologiques et psychiatriques. Les perturbations du sommeil augmentent les risques de développer des troubles de l'humeur et de rechuter dans des épisodes répétés de dépression. Plusieurs interventions thérapeutiques ont été élaborées comme complément aux traitements conventionnels par médicaments. Des approches comme l'avance de l'horaire de sommeil, la thérapie de maintien de l'éveil, la luminothérapie et la thérapie des rythmes sociaux peuvent être combinées à un traitement pharmacologique pour améliorer la prise en charge des troubles de l'humeur.

Que retenir de ce chapitre ?

- Chez l'être humain, même en parfaite santé, l'humeur est influencée à la fois par l'horloge biologique et la privation de sommeil.
- Des perturbations du sommeil sont un facteur de risque pour l'apparition d'une dépression majeure.
- Les femmes sont deux fois plus à risque d'insomnie et de dépression que les hommes.
- Les patients dépressifs se réveillent souvent avec une humeur triste le matin et leur humeur s'améliore au cours de la journée.
- La dépression saisonnière de type hivernal est une forme particulière de trouble de l'humeur qui se manifeste par l'apparition d'une dépression l'automne et l'hiver et par sa disparition le printemps et l'été.
- La baisse d'exposition à la lumière est en cause dans l'apparition de la dépression saisonnière de type hivernal. L'utilisation de la luminothérapie est préconisée pour traiter cette condition.
- L'importance pour la santé mentale du cycle veille-sommeil et des rythmes circadiens est à l'origine de diverses stratégies de traitement qui peuvent être jumelées au traitement pharmacologique de plusieurs troubles psychiatriques.

Dormir sur ses lauriers.

CHAPITRE 7

La Belle au bois dormant

Cogner des clous quand il ne le faut pas

Ce chapitre porte sur les troubles du maintien de l'éveil qu'on appelle l'hypersomnolence diurne. L'hypersomnolence est un symptôme différent de la fatigue et découle d'une incapacité à maintenir des degrés adéquats de vigilance au cours de la journée. Diverses causes médicales occasionnent de la somnolence diurne excessive. On note au premier plan les troubles respiratoires nocturnes, en particulier le syndrome des apnées du sommeil. Il s'agit d'un problème si fréquent dans la société moderne que tout le chapitre 8 lui est consacré. Parmi les autres causes fréquentes d'hypersomnie, on note la narcolepsie humaine, un état neurologique débilitant caractérisé par des accès irrésistibles de sommeil. D'autres types d'états pathologiques tels que l'hypersomnie idiopathique ou les hypersomnies épisodiques seront décrits. Les troubles de somnolence diurne excessive requièrent une attention médicale étant donné les conséquences néfastes qu'ils peuvent entraîner pour la sécurité du patient et de son entourage. Enfin, divers troubles d'hypersomnolence peuvent être associés à des états qui détériorent la qualité du sommeil nocturne et les rythmes circadiens, ou à l'ingestion de substances qui nuisent au maintien de l'éveil. Une révision des habitudes de vie s'impose, en particulier la responsabilisation du patient à l'égard des situations au cours desquelles l'apparition de somnolence pourrait constituer un risque pour sa santé ainsi que pour sa sécurité et celle d'autrui.

SOUFFREZ-VOUS DE SOMNOLENCE DIURNE ?

Le test suivant permettra de dépister une situation problématique.

En temps normal, comment évaluez-vous votre risque de vous endormir lors des situations suivantes ?

0 = NUL 1 = LÉGER 2 = MODÉRÉ 3 = IMPORTANT

En lisant, en position assise.	___
En regardant la télévision.	___
Assis, inactif, dans un lieu public.	___
Comme passager dans une voiture après une heure de trajet.	___
Étendu pour vous reposer l'après-midi lorsque la situation le permet.	___
Assis, en discutant avec quelqu'un.	___
Assis tranquillement, après un lunch sans alcool.	___
Dans une voiture, lors d'un arrêt de quelques minutes dans le trafic.	___
SCORE	___

Un score de 10 et plus indique une somnolence modérée alors qu'un score supérieur à 16 indique une somnolence sévère.

FIGURE 35 Adapté de Johns, 1991.

LA NARCOLEPSIE

La narcolepsie est une maladie neurologique classifiée parmi les troubles du maintien de l'éveil et identifiée comme entité distincte en 1880 par le professeur Gélineau. Elle représente la deuxième cause en importance d'hypersomnolence diurne après le syndrome des apnées du sommeil. La prévalence de la narcolepsie dans la population générale caucasienne se situe autour de 0,02 à 0,18 %. L'âge à l'apparition des symptômes varie entre cinq et soixante-trois ans, avec un pic de survenue à l'adolescence et au début de l'âge adulte. Il s'agit d'une maladie invalidante caractérisée par l'association fréquente de quatre symptômes principaux – deux symptômes qualifiés de majeurs et deux symptômes qualifiés de mineurs. Ces quatre symptômes forment ensemble ce qu'on appelle la tétrade narcoleptique. Les symptômes majeurs sont la somnolence diurne excessive et la cataplexie. Les symptômes mineurs sont les accès de paralysie du sommeil et les hallucinations hypnagogiques.

La somnolence diurne dans la narcolepsie est particulière, car elle se caractérise par une fluctuation diurne de la vigilance culminant en des accès impératifs de sommeil (Dauvilliers et coll., 2003). Ces accès de sommeil étaient auparavant appelés des « attaques de sommeil » à cause du besoin irrésistible de dormir que ressentent alors les patients. Il s'agit d'une somnolence diurne différente de celle qu'on observe dans le syndrome des apnées du sommeil. De plus, les accès irrésistibles de sommeil surviennent non seulement dans des situations propices au sommeil, mais également dans des situations inusitées. L'auteure se rappelle le cas assez spectaculaire d'un patient qui dormait appuyé contre des parcomètres même en plein hiver ! Ces accès de sommeil aboutissent à une sieste involontaire, de durée relativement courte (de cinq à vingt minutes) et décrite comme pleinement récupératrice. Les degrés de vigilance recommencent alors à se détériorer pour culminer en un autre accès irrésistible de sommeil quelques heures plus tard. Ces fluctuations lentes des degrés de vigilance au cours de la journée surviennent environ toutes les deux à quatre heures : les patients ressentent alors un besoin de sommeil intense, récurrent et difficile à combattre.

Lorsque le patient tente de résister à son besoin impératif de dormir, une altération de l'état de conscience peut survenir sous forme d'épisodes dissociatifs et amnésiques appelés les « comportements automatiques ». Ces comportements témoignent d'un état combinant à la fois des caractéristiques du sommeil et de l'éveil. Les patients peuvent donc se « réveiller » dans un endroit sans pouvoir se rappeler comment ils y sont parvenus, parfois même en ayant conduit leur véhicule automobile. Même si les patients

(suite page 134)

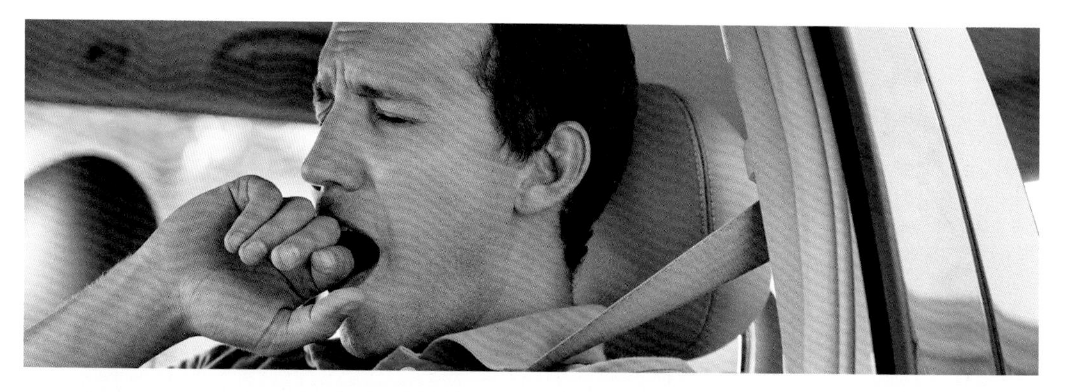

Fatigue ou somnolence diurne ?

La fatigue est une impression subjective ressentie comme un état de faiblesse physique ou mentale. Elle fait partie intégrante du tableau clinique de très nombreux états pathologiques (figure 36). Chez les personnes en santé, la fatigue est généralement le résultat d'une perte d'énergie progressive résultant de l'accumulation de tâches physiques et mentales comme celles qui sont liées au travail, au sport, au stress répété et même aux activités sociales. La fatigue peut être ressentie comme passagère et aiguë ou être plus insidieuse et chronique. La fatigue peut aussi être la conséquence d'une période d'éveil trop longue ou d'un manque de sommeil. Dans ces derniers cas, elle se rapproche de ce qu'on appelle la somnolence diurne. On parle de somnolence diurne lorsque le maintien de l'état d'éveil est menacé. Par exemple, un patient somnolent aura de la difficulté à demeurer éveillé lorsqu'il le désire. Bien qu'en clinique on tente de distinguer la fatigue de la somnolence diurne excessive, les patients se plaignent la plupart du temps de fatigue et de manque d'énergie. Certains sondages standardisés permettent de juger du degré de somnolence (figure 35). Celle-ci peut occasionner des problèmes de sécurité importants dans les opérations qui nécessitent un maintien de la vigilance comme lors de la conduite d'un véhicule routier, de la manutention de machinerie lourde, de la manipulation d'objets dangereux (tels les couteaux de boucherie). Elle peut entraîner des problèmes de qualité et de productivité au travail (par exemple des erreurs découlant de comportements automatiques lorsque le patient résiste à sa somnolence) pouvant mener à la mise en invalidité, au congédiement ou à la retraite prématurée du patient. Enfin, des difficultés d'ordre personnel peuvent apparaître, car le maintien d'une vie familiale et sociale active peut en être affecté.

CONDITIONS MÉDICALES OCCASIONNANT DE LA FATIGUE ET DE LA SOMNOLENCE

Pathologie du sommeil	**Somnolence**
Mouvements périodiques des jambes au cours du sommeil	Certains patients présenteront de la somnolence diurne plutôt que de l'insomnie. La somnolence est présente au réveil et pendant toute la journée.
Apnée du sommeil	Le trouble d'apnée du sommeil (surtout de type obstructif ou mixte) est généralement associé à de la somnolence diurne. La somnolence est présente toute la journée, s'empirant en fin de journée et lors d'activités sédentaires.
Narcolepsie	Accès irrésistibles de sommeil, siestes involontaires de courte durée, pleinement récupératrices.
Hypersomnie idiopathique	Siestes de longue durée et non récupératrices. Sommeil nocturne de durée excessive.
Syndrome de Kleine-Levin	Hypersomnie périodique.
Troubles des rythmes circadiens	Troubles d'horaire de sommeil avec somnolence aux heures désirées d'éveil. La somnolence peut s'exprimer comme de la difficulté à se lever le matin ou rester éveillé le soir.
Condition psychologique	
Dépression sévère	Certains patients, par exemple les adolescents, présenteront de la somnolence diurne plutôt que de l'insomnie.
Dépression saisonnière	Hypersomnie, éveil matinal difficile, manque d'énergie, fatigue.
Maladie affective bipolaire	Hypersomnie et fatigue en phase dépressive.
Condition médicale	
Maladie de Parkinson	Somnolence diurne souvent associée à une perturbation nocturne du sommeil.
Hypothyroïdie	Fatigue extrême.
Tumeur cérébrale, méningite, encéphalite et trouble cérébrovasculaire	Somnolence souvent associée à une atteinte neurologique.
Intoxication (alcool, sédatifs, narcotiques)	Somnolence et état de conscience altéré.
Trouble de démence de type Alzheimer	Agitation nocturne, horaire et sommeil perturbés.

FIGURE 36

dorment pendant de courtes périodes à plusieurs reprises au cours de la journée, la quantité totale de sommeil obtenue par jour est essentiellement normale. La somnolence diurne est de loin le symptôme le plus invalidant et résistant aux traitements de la narcolepsie humaine. Dans la majorité des cas, la somnolence diurne annonce la maladie et persiste jusqu'à un âge avancé. Les patients rapportent qu'ils rêvent près de 50 % du temps au cours de ces courtes siestes. En comparaison, la présence de rêves (ou du sommeil paradoxal) lors des siestes diurnes est un phénomène plutôt rare chez les personnes saines, à moins qu'une privation de sommeil ne soit présente.

La cataplexie est un autre symptôme majeur de la narcolepsie. Elle se manifeste généralement plusieurs années après l'apparition de la somnolence diurne excessive. La cataplexie est un symptôme clé, car elle n'apparaît que dans cette maladie. Il s'agit d'attaques passagères de paralysie affectant les muscles squelettiques – ceux qui sont attachés au squelette, et importants pour le maintien de la posture – tels que ceux du cou, de la mâchoire, des bras et des jambes. Ces attaques sont la plupart du temps partielles, mais elles peuvent parfois être complètes, causant alors une chute au sol avec risque de traumatismes. Les attaques de cataplexie sont le plus souvent déclenchées par une émotion subite comme la surprise, le rire ou la colère. On a décrit comme exemple de crise partielle le cas d'une patiente dont la tête tombait vers l'avant lorsqu'elle riait ou qu'elle racontait une histoire drôle, et qui laissait tomber sa tasse de café lorsqu'elle rencontrait un ami. On connaît aussi l'exemple d'un père narcoleptique qui rapportait des attaques complètes de cataplexie avec chute au sol lorsqu'il devait sermonner son fils. Le fils ayant compris que s'il rendait son père plus impatient et émotif, le pauvre faisait une attaque de cataplexie, et que son problème était donc réglé... du moins temporairement ! Généralement, les attaques de cataplexie sont très brèves, ne durant parfois que de quelques secondes à quelques minutes. C'est pour cette raison qu'elles ne sont pas toujours identifiées par l'équipe médicale, surtout lorsqu'il s'agit de crises partielles. De plus, la gravité de la cataplexie a tendance à diminuer avec l'âge, et parfois le patient n'expérimente que quelques épisodes dans toute sa vie. Même lorsque le patient présente une attaque complète avec chute au sol, il ne perd pas conscience à moins que l'attaque s'accompagne d'une sieste involontaire, ce qui survient parfois, rendant son repérage plus difficile. Les attaques de cataplexie sont distinctes des pertes de conscience et du coma. Elles se distinguent aussi des crises d'épilepsie par l'absence de perte de conscience, d'incontinence urinaire, de morsure de la langue et de convulsions. Certaines crises d'épilepsie sont toutefois assez originales, bizarres, et il peut aussi être difficile de les identifier (chapitre 9).

→ Le contenu des rêves ou des hallucinations peut prendre des formes effroyables. Johann Heinrich Füssli, *Le Cauchemar* (1802).

Les autres symptômes de la narcolepsie sont qualifiés de mineurs, car ils sont moins invalidants et peuvent se retrouver chez des personnes saines ne souffrant pas de narcolepsie, surtout si elles ont accumulé une dette de sommeil. Les symptômes mineurs de la tétrade narcoleptique sont les hallucinations hypnagogiques et les paralysies du sommeil. On considère que la cataplexie, les paralysies du sommeil et les hallucinations hypnagogiques sont des manifestations dissociées des phases de sommeil paradoxal. En effet, au cours du sommeil paradoxal, nous sommes paralysés et nous rêvons abondamment. La paralysie du sommeil qu'on observe normalement au cours des phases de sommeil paradoxal peut survenir de manière isolée à l'éveil. Elle s'exprime alors sous forme d'attaques de cataplexie ou de paralysie du sommeil.

Se manifestant au moment de l'endormissement ou de réveils nocturnes, la paralysie du sommeil consiste en une incapacité temporaire de bouger les membres et d'ouvrir les paupières. Elle dure rarement plus de dix minutes et se termine spontanément ou en réponse à un toucher léger.

Le contenu onirique ou les sensations perceptuelles que vit le dormeur lors de ses phases de rêve peuvent aussi survenir à l'éveil. Dans ces circonstances, la personne expérimente des illusions de nature auditive, visuelle ou somesthésique (sensation d'être touché ou que ses membres se déplacent), un peu comme si elle visionnait, entendait ou ressentait ses rêves... mais à l'état d'éveil. Dans ce cas, la personne sur le point de s'endormir ou qui s'éveille en pleine nuit voit, entend ou ressent des choses qui n'existent pas. On parle d'hallucinations hypnagogiques lorsqu'elles surviennent à l'endormissement, et d'hallucinations hypnopompiques lorsque ces phénomènes surviennent lors d'éveils spontanés la nuit.

Les hallucinations hypnagogiques peuvent générer beaucoup d'anxiété chez le patient, surtout lorsqu'elles sont associées à la paralysie du sommeil ou à un rêve intense, voire désagréable. C'est malheureusement souvent le cas pour les narcoleptiques. L'explication des mécanismes à l'origine de ces phénomènes permettra de rassurer plusieurs patients. Des formes familiales de paralysie du sommeil et d'hallucinations hypnagogiques sont rapportées sans qu'il y ait un problème de narcolepsie. Comme pour les patients narcoleptiques, ces manifestations dissociées du sommeil paradoxal peuvent survenir en dehors des phases de sommeil paradoxal, comme au coucher, lors de la période de transition de l'éveil vers le sommeil, lors de réveils nocturnes ou même lors d'une sieste diurne.

Avec l'âge, le sommeil des patients narcoleptiques a tendance à se détériorer plus rapidement que celui des personnes en santé. Les perturbations nocturnes du sommeil consistent en des

éveils fréquents, une diminution du sommeil lent profond et une durée plus courte entre l'endormissement et la survenue de la première période de sommeil paradoxal. Plus particulièrement, leurs phases de sommeil paradoxal deviennent fragmentées par de nombreux éveils. Les perturbations spécifiques affectant la qualité du sommeil paradoxal sont centrales dans la narcolepsie, et une corrélation fut établie entre la détérioration de ce stade de sommeil et l'apparition de la cataplexie. D'ailleurs, lorsqu'on améliore par des moyens pharmacologiques la continuité des phases de sommeil paradoxal (par administration de gamma-hydroxybutyrate de sodium, ou GHB), on réduit les accès de cataplexie. Les perturbations du sommeil paradoxal ou l'utilisation de certains médicaments contre la cataplexie peuvent parfois causer ce qu'on appelle le trouble comportemental en sommeil paradoxal, une catégorie de troubles du sommeil qui se caractérise par la présence simultanée d'éléments de sommeil et d'éveil. Les patients narcoleptiques présentent aussi avec l'âge un risque accru de développer des mouvements périodiques des jambes au cours du sommeil.

Plusieurs facteurs contribuent au développement de cette maladie neurologique. On note d'abord une prédisposition génétique, car le fait d'avoir un membre de la famille proche touché (père, mère, frère, sœur) augmente les risques d'être atteint de la maladie. Mais d'autres facteurs sont aussi en cause, car on note le cas de jumeaux identiques qui partagent exactement les mêmes gènes, mais qui sont discordants pour la maladie (un jumeau en souffre et l'autre non). Certains facteurs environnementaux contribueraient à l'apparition de la maladie chez des patients génétiquement susceptibles de la développer. Ces conditions environnementales ne sont pas connues précisément mais pourraient être liées aux perturbations dans l'horaire de sommeil ou à des infections pendant l'enfance qui entraînent une série de réactions inflammatoires dites auto-immunitaires. Ce type de réactions est caractérisé par une réponse de défense inappropriée de l'organisme, qui se met à attaquer des parties de lui-même qu'il perçoit comme un corps étranger à combattre. Une association exceptionnelle de 95 % fut d'ailleurs découverte entre un gène de susceptibilité, le *human leukocyte antigen* (HLA) DQB1∗0602, et la présence de narcolepsie avec cataplexie. Ce gène serait en cause dans une réaction auto-immunitaire qui aboutirait à une destruction du système à orexine/hypocrétine, qui est localisé dans l'hypothalamus latéral et est donc important pour le maintien de l'éveil. Il est d'ailleurs possible de documenter une baisse marquée du neurotransmetteur hypocrétine-1 dans le liquide céphalorachidien de patients narcoleptiques avec

PONCTION LOMBAIRE

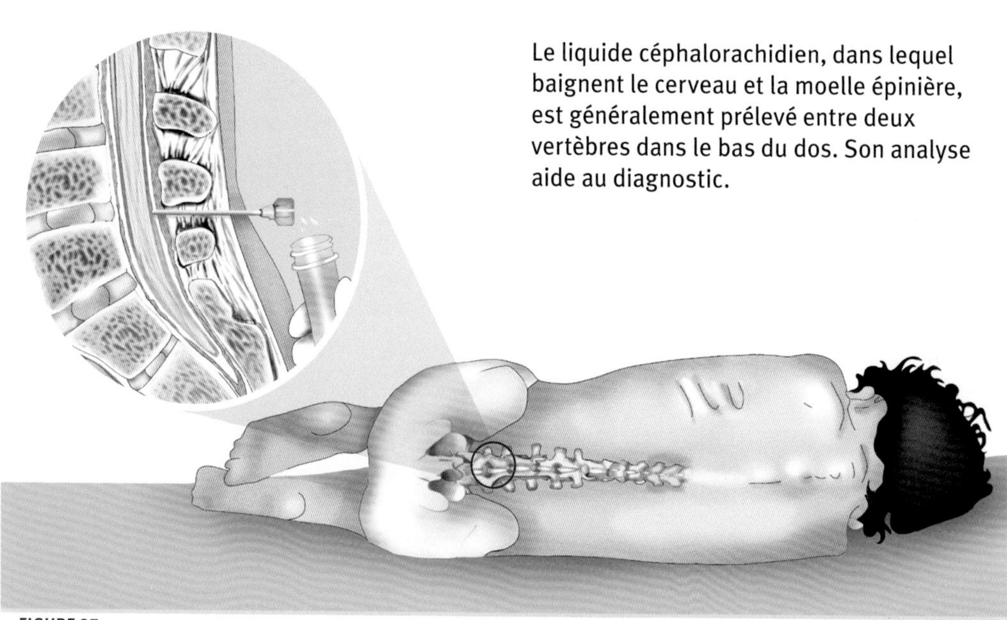

Le liquide céphalorachidien, dans lequel baignent le cerveau et la moelle épinière, est généralement prélevé entre deux vertèbres dans le bas du dos. Son analyse aide au diagnostic.

FIGURE 37

cataplexie (Nishino et coll., 2010). Le système à orexine/hypocrétine est connecté à l'oscillateur circadien et appartient aux centres clés du maintien de l'éveil. Il est intéressant de noter que le contrôle exercé par l'horloge biologique sur les processus d'éveil et de sommeil est perturbé dans la narcolepsie (Dantz et coll., 1994).

Certains patients narcoleptiques ne présentent pas d'attaques de cataplexie. Le diagnostic chez ces derniers est posé sur la base de tests en laboratoire de sommeil. Les mécanismes aboutissant à un trouble de narcolepsie sans cataplexie sont moins connus que ceux de la pathologie standard. Il est probable que d'autres gènes de susceptibilité à la maladie soient présents même chez les patients avec cataplexie.

Enfin, de rares cas de narcolepsie sont une conséquence de lésions au centre du cerveau, dans le diencéphale ou le tronc cérébral, qui contiennent des régions importantes pour le contrôle de l'éveil et du sommeil.

La narcolepsie est une maladie neurologique invalidante qui requiert une prise en charge médicale. Son diagnostic repose sur l'histoire médicale mais surtout sur un dépistage en laboratoire de sommeil. Les tests effectués consistent la plupart du temps en l'enregistrement polysomnographique de une ou deux nuits de sommeil et en des tests de somnolence au cours de la journée. Les tests de mesure de la somnolence comprennent invariablement un test de « délai itératif d'endormissement ». Au cours de ce test, le patient est mis au lit à cinq ou six reprises au cours de la journée dans une chambre confortable et sombre. Il reçoit la consigne de s'endormir le plus rapidement possible et a vingt minutes pour y parvenir. Les personnes en santé s'endorment rarement au cours de ces siestes. En revanche, un patient narcoleptique s'endort généralement très rapidement, en moins de cinq minutes. De plus, on note la survenue d'épisodes de sommeil paradoxal au cours d'au moins deux de ces siestes, phénomène beaucoup plus rare chez les personnes saines. Cette observation témoigne d'une perturbation dans

MÉCANISME D'ACTION DES AMPHÉTAMINES SUR LES NEURONES DOPAMINERGIQUES

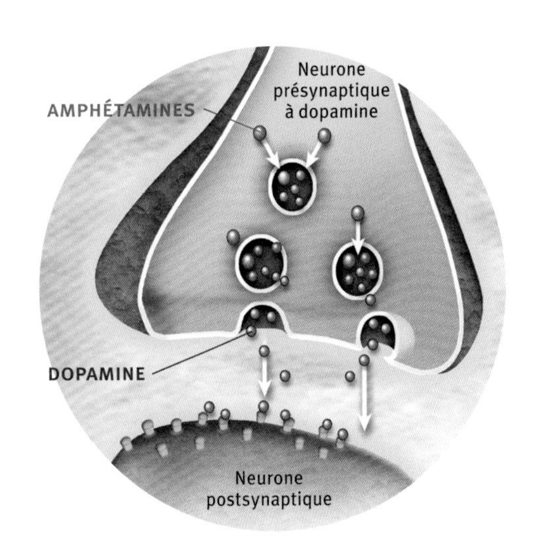

FIGURE 38 Les effets sur les neurones adrénergiques ne sont pas illustrés.

le contrôle du sommeil paradoxal chez les patients narcoleptiques. Le médecin peut aussi suggérer de faire effectuer une ponction lombaire afin de documenter la diminution du taux du neuropeptide hypocrétine-1 (figure 37).

Le traitement de la narcolepsie est symptomatique, c'est-à-dire qu'il consiste à contrôler les symptômes. On ne guérit donc pas de cette maladie, on apprend à vivre avec elle. Les traitements sont avant tout pharmacologiques et comportent la prise de médicaments qui réduisent la somnolence diurne et d'autres qui contrôlent la cataplexie. Les médicaments contre la somnolence sont des psychostimulants, des produits qui favorisent l'éveil tels que le modafinil (Alertec), les amphétamines (Dexedrine) ou le méthylphénidate (Ritalin). Les psychostimulants agissent en augmentant la transmission de neurotransmetteurs appartenant à la classe des monoamines dans les centres du système nerveux central en cause dans l'éveil. Ces neurotransmetteurs sont la dopamine, l'adrénaline et la noradrénaline (figure 38). La prescription de ces substances est contrôlée en raison du risque de dépendance physique et psychologique qu'elles comportent.

Divers médicaments peuvent être prescrits pour diminuer la cataplexie, dont le GHB pris au coucher, des médicaments pris le matin comme ceux qui améliorent la transmission de la sérotonine (fluoxétine ou Prozac) ou de la noradrénaline (venlafaxine ou Effexor). Le GHB aurait un effet bénéfique sur la cataplexie possiblement parce qu'il aiderait à corriger les perturbations du sommeil paradoxal au cours de la nuit. Avec le temps, le GHB produit aussi un effet thérapeutique sur la somnolence diurne, de sorte que certains patients peuvent cesser d'utiliser des psychostimulants. Il faut toutefois éviter de cesser brusquement de prendre les médicaments anticataplectiques sans recommandation médicale, car leur arrêt subit pourrait s'accompagner d'une intensification notable de la gravité des attaques de cataplexie et même aboutir à des crises prolongées, un état appelé *status cataplecticus*. Certains médicaments commercialisés pour d'autres raisons (par exemple, la fluoxétine, qui combat la dépression) peuvent être utilisés pour traiter la cataplexie (et non la dépression, dans cet exemple). On considérera d'autres traitements ciblés si on observe d'autres troubles qui perturbent davantage le sommeil et la condition du patient (par exemple, des mouvements périodiques des jambes au cours du sommeil). Des recherches actives sont en cours afin de découvrir de nouvelles pistes de traitement pharmacologique contre la narcolepsie.

En plus d'utiliser des médicaments pour contrôler la somnolence diurne, la cataplexie et les autres symptômes associés, il est utile de revoir les habitudes de vie et l'hygiène de sommeil des patients.

Il peut être avantageux pour ces derniers de planifier de courtes siestes fréquentes au cours de la journée afin de prévenir la survenue d'accès incontrôlables de sommeil dans des situations inappropriées. La conduite d'un véhicule automobile est une question extrêmement importante qu'il faut aborder cliniquement en raison des risques qu'elle comporte pour la sécurité publique. Il n'est pas rare, pour les patients, de développer un tableau de dépression en relation avec leur état invalidant. La dépression nécessitera alors un traitement antidépresseur approprié.

L'HYPERSOMNIE IDIOPATHIQUE

Il arrive que des patients présentent une tendance excessive au sommeil qui s'exprime à la fois la nuit, lors de leur épisode principal de sommeil, et le jour, sous forme de somnolence diurne excessive. La recherche des causes liées à cet état reste souvent sans réponse chez un patient donné. Il arrive donc que des patients présentent une difficulté à rester éveillés aussi grave que celle qu'on observe dans la narcolepsie, mais sans connaître les autres symptômes de la tétrade narcoleptique (en particulier la cataplexie). On ne retrouve pas non plus chez eux d'autres troubles pouvant perturber leur sommeil la nuit ou leur vigilance le jour tels que le syndrome d'apnée du

La cataplexie canine

Il existe des animaux spontanément narcoleptiques ! Le croisement de chiens narcoleptiques doberman pinscher, à l'Université Stanford à la fin des années 1970, a permis la création d'une colonie de chiens narcoleptiques. Chez le chien, le diagnostic clinique de narcolepsie repose sur la manifestation d'attaques de cataplexie objectivées par un test de provocation alimentaire. Au cours de ce test, une ligne est tracée devant l'animal avec de la nourriture pour chiens, placée à intervalles réguliers. Le chien, excité à cette vue, fait de nombreuses attaques de cataplexie lorsqu'il parcourt le trajet de la nourriture. La gravité de sa cataplexie est évaluée selon le nombre d'attaques et le temps mis pour ingérer les dépôts de nourriture.

sommeil, les mouvements périodiques des jambes au cours du sommeil ou la prise de substances entraînant de la somnolence. On doit alors parler d'hypersomnie idiopathique.

L'hypersomnie idiopathique est plus rare que la narcolepsie et se développe au cours des deuxième et troisième décennies de la vie. Les patients qui en sont atteints ont tendance à dormir excessivement la nuit, souvent plus de dix heures d'affilée, et à faire de longues siestes d'une heure ou plus plusieurs fois par jour (Vernet et Arnulf, 2009). Ces siestes n'ont toutefois pas le caractère récupérateur de celles qu'on rencontre dans la narcolepsie. Lorsque les patients tentent de résister à leur somnolence, ils présentent fréquemment des comportements automatiques à la suite desquels ils peuvent se retrouver embarrassés. Le sommeil pendant la nuit et lors des siestes diurnes comporte plus de sommeil lent profond que la normale. Cette observation suggère un besoin de sommeil anormalement élevé chez ces patients. Comme pour la narcolepsie, le traitement est symptomatique. Il consiste principalement en l'emploi de médications psychostimulantes pour contrôler la somnolence excessive, et il n'est pas rare que d'autres médications doivent être tentées parce que l'efficacité des traitements est moins grande que dans la narcolepsie.

LA SOMNOLENCE DIURNE SECONDAIRE

Les périodes d'éveil s'insèrent dans un cycle veille-sommeil. Ce cycle fait en sorte que la qualité de l'éveil au cours de la journée est affectée par la qualité de la période de sommeil obtenue la nuit précédente. Inversement, les activités menées pendant l'éveil peuvent affecter la capacité d'une personne à s'endormir et à demeurer endormie la nuit suivante. Ainsi, toute condition qui perturbe le sommeil peut nuire à sa fonction de récupération de la fatigue accumulée. Certains patients qui présentent des pathologies du sommeil telles que des mouvements périodiques des jambes au cours du sommeil (chapitre 9) ou un syndrome d'apnée du sommeil (chapitre 8) pourraient souffrir par le fait même de somnolence diurne excessive. C'est l'une des raisons pour lesquelles une investigation en laboratoire de sommeil comporte souvent une nuit complète d'enregistrement ; il s'agit de dépister ces pathologies associées. Il est également possible de planifier des tests de dépistage ambulatoires des troubles du sommeil, en d'autres mots des tests qui sont effectués à domicile. Le patient se rend alors en laboratoire de sommeil pour procéder à l'installation des équipements et obtenir les consignes d'usage. Il démarre lui-même l'enregistrement dans sa chambre au moment de se coucher, puis revient porter l'appareillage en laboratoire de sommeil le lendemain. Les résultats sont alors extraits de l'appareillage et analysés par l'équipe médicale.

La somnolence peut aussi être un effet secondaire d'un manque de sommeil induit par la vie trépidante du patient ou dû au fait que celui-ci n'obtient pas tout le sommeil dont il a besoin. Pensons au cas des grands dormeurs naturels, ces personnes saines qui ont naturellement besoin de plus de sommeil que la moyenne des gens. Ils pourraient souffrir d'une dette relative de sommeil par rapport à leurs besoins et présenter de la somnolence diurne. Dans ce cas, l'augmentation des heures de sommeil la nuit corrige la situation, alors qu'elle n'a aucun effet bénéfique (et même possiblement un effet nuisible) chez un patient souffrant d'hypersomnie idiopathique.

L'hypersomnie peut également découler de l'un des troubles des rythmes circadiens, lesquels perturbent à la fois la qualité de l'éveil et du sommeil. La fatigue et la somnolence font partie du tableau clinique de plusieurs états pathologiques (figure 36). Il convient alors de traiter la pathologie sous-jacente en plus de fournir un traitement symptomatique de la somnolence si elle persiste.

Enfin, les troubles du sommeil sont très fréquents dans la dépression. Ils consistent la plupart du temps en une difficulté à bien dormir la nuit et une fatigue diurne. Il arrive par contre que certains patients souffrent d'hypersomnie plutôt que d'insomnie. Il s'agit alors d'une forme atypique, non habituelle, de la dépression. C'est fréquemment le cas des adolescents déprimés, des patients bipolaires en phase dépressive et des patients souffrant de dépression saisonnière. L'hypersomnie de ces patients répond plus favorablement à l'emploi de médicaments antidépresseurs qu'à celui de psychostimulants.

LES HYPERSOMNIES PÉRIODIQUES

Le syndrome de Kleine-Levin est un trouble rare et récurrent d'hypersomnie cyclique qui se caractérise par des épisodes relativement longs et excessifs de sommeil alternant avec des phases de vigilance adéquate ou même exagérée (Billiard et coll., 2011). Les phases d'hypersomnie durent de quelques jours à quelques semaines. Lors de ces phases de sommeil accru, le patient peut dormir pendant plus de seize heures par jour, devenir excessivement difficile à éveiller et montrer de la confusion et de l'agressivité au réveil forcé. D'autres symptômes d'ordre comportemental peuvent apparaître : la boulimie, l'agressivité, une libido exagérée, des hallucinations et une impression de déconnexion par rapport à la réalité. On a d'ailleurs suggéré que ce syndrome pourrait représenter un type de maladie affective bipolaire. Le diagnostic est souvent difficile à poser, car il faudrait pouvoir étudier le cas du patient lorsqu'il traverse ses phases d'hypersomnie. D'autres formes d'hypersomnies périodiques ont été rapportées chez la femme en lien avec son cycle menstruel, en particulier dans la semaine précédant les menstruations.

Plusieurs désordres neurologiques peuvent occasionner de la somnolence sévère au cours de la journée. Les personnes qui en souffrent ont beaucoup de mal à rester éveillées toute la journée et auront tendance à s'endormir dans des situations sédentaires mais également dans des situations inusitées, au restaurant avec des amis par exemple, ou au volant d'un véhicule. On recommande à ces patients, dont le diagnostic et traitement nécessitent une consultation médicale et un suivi régulier, la prise de médications psychostimulantes.

Que retenir de ce chapitre ?

- La somnolence diurne est plus qu'un problème de fatigue : elle s'exprime comme une difficulté à rester éveillé et entraîne des siestes involontaires.
- Plusieurs conditions neurologiques peuvent occasionner de la somnolence diurne dont la narcolepsie, l'hypersomnie idiopathique et les hypersomnies périodiques.
- La narcolepsie est marquée par la présence de deux symptômes majeurs, soit les accès irrésistibles de sommeil et les attaques de cataplexie.
- Les symptômes mineurs de la narcolepsie sont les paralysies et les hallucinations du sommeil. Ces symptômes peuvent se retrouver chez des personnes saines.
- La somnolence des patients narcoleptiques est particulière en ce sens qu'elle entraîne des siestes involontaires, de courte durée et pleinement récupératrices.
- Le traitement des troubles neurologiques occasionnant de la somnolence se fait par le contrôle des symptômes à l'aide de psychostimulants.
- La planification régulière de courtes siestes le jour peut compléter le traitement pharmacologique des troubles d'hypersomnie.
- Les pathologies du sommeil qui en détériorent le caractère réparateur peuvent aussi se manifester par un trouble de somnolence diurne. Ces troubles requièrent un traitement spécifique.

Les apnées du sommeil peuvent étouffer le bonheur conjugal.

CHAPITRE 8

Voyage imprévu au mont Everest

Les apnées du sommeil

Le fonctionnement du corps humain subit d'importantes modifications durant la nuit. Par exemple, la respiration varie au cours de la journée de vingt-quatre heures, principalement parce que le réglage des mécanismes qui contrôlent la respiration diffère selon les états de veille et de sommeil. Le passage de l'état de veille à celui de sommeil s'accompagne immanquablement d'une diminution graduelle du contrôle conscient des fonctions vitales. Par conséquent, le contrôle de la respiration devient plus passif, ce qui fragilise la stabilité de la réponse aux échanges gazeux dans le corps. Plusieurs caractéristiques propres au dormeur peuvent affecter grandement la qualité des échanges respiratoires au cours du sommeil, en particulier des facteurs anatomiques, liés à la physionomie de la tête et du cou, et neurologiques, liés à la qualité du contrôle de la respiration. Ces facteurs peuvent être critiques au point d'entraîner des pauses périodiques dans la respiration, qu'on appelle des apnées du sommeil, ou une réduction marquée du volume d'air respiré, ce qu'on nomme une hypopnée du sommeil. Ces perturbations de la respiration se répètent au cours de la nuit et peuvent être si fréquentes et prolongées qu'elles affectent grandement la qualité récupératrice du sommeil. Il est d'ailleurs intéressant de comparer les troubles respiratoires et le sommeil de ces patients à ceux des alpinistes qui font une ascension rapide en haute montagne, d'où le titre du présent chapitre.

Les perturbations de la respiration au cours du sommeil peuvent causer de l'insomnie et surtout de la somnolence diurne excessive. Elles peuvent aussi être accompagnées d'une chute importante des taux d'oxygène dans le sang, une situation potentiellement grave pour la santé cardiovasculaire du dormeur et pour le fonctionnement de son cerveau. Les troubles respiratoires nocturnes peuvent donc être associés à des perturbations marquées dans les capacités cognitives au cours de la période d'éveil qui suit. Dans des cas plus subtils, les efforts pour respirer peuvent se heurter à une résistance accrue au passage de l'air dans le système respiratoire. Cette situation ne cause pas toujours des pauses respiratoires complètes ou une baisse du taux d'oxygène dans le sang. Par contre, ces efforts respiratoires peuvent aussi affecter la qualité du sommeil au point de perturber le fonctionnement diurne du dormeur. Les troubles respiratoires nocturnes sont un problème fréquent dans la société moderne, et heureusement, ils se traitent relativement bien. Au cours de ce chapitre, vous apprendrez à en reconnaître les signes, vous verrez les différentes stratégies permettant de diagnostiquer et de traiter ces troubles, puis serez informés des conseils d'hygiène de sommeil pour les patients qui respirent mal en dormant.

LE CONTRÔLE DE LA RESPIRATION

Tout le monde reconnaît qu'il est indispensable pour survivre de respirer, et de respirer de l'air non vicié riche en oxygène. Mais pourquoi en est-il ainsi ? Les humains, comme tous les animaux, produisent des déchets organiques qui résultent de l'énergie brûlée au cours des différentes activités cellulaires. Le simple fait de vivre, et même de survivre, requiert de dépenser de l'énergie et produit des déchets biologiques dans chacune des cellules du corps. On peut simplifier en disant que chaque cellule qui brûle de l'énergie respire aussi et produit du gaz carbonique, aussi appelé dioxyde de carbone ou CO_2 (figure 39). Le gaz carbonique produit par les cellules dans tout le corps s'accumule dans de petits capillaires qui irriguent les tissus des divers organes. Ces capillaires se déversent dans des vaisseaux de plus en plus grands appelés veines (figure 40). Le sang veineux est ensuite dirigé vers le cœur droit pour être pompé vers les poumons. C'est par les poumons que le gaz carbonique est expiré dans l'air ambiant et que le sang est oxygéné avec de l'air nouveau. Le sang nouvellement oxygéné est alors retourné au cœur, dans sa partie gauche cette fois. Depuis le cœur gauche, il est pompé dans l'aorte et les grands vaisseaux artériels. De là, il est dirigé vers des artères de plus en plus petites, des artérioles, et finalement vers les petits capillaires qui irriguent les tissus des divers organes. C'est de cette façon que l'oxygène se rend aux cellules à travers tout le corps. L'oxygène peut enfin être utilisé par les cellules pour effectuer leur travail.

CONTRÔLE DE LA RESPIRATION PAR LE GAZ CARBONIQUE (CO_2) ET L'OXYGÈNE (O_2)

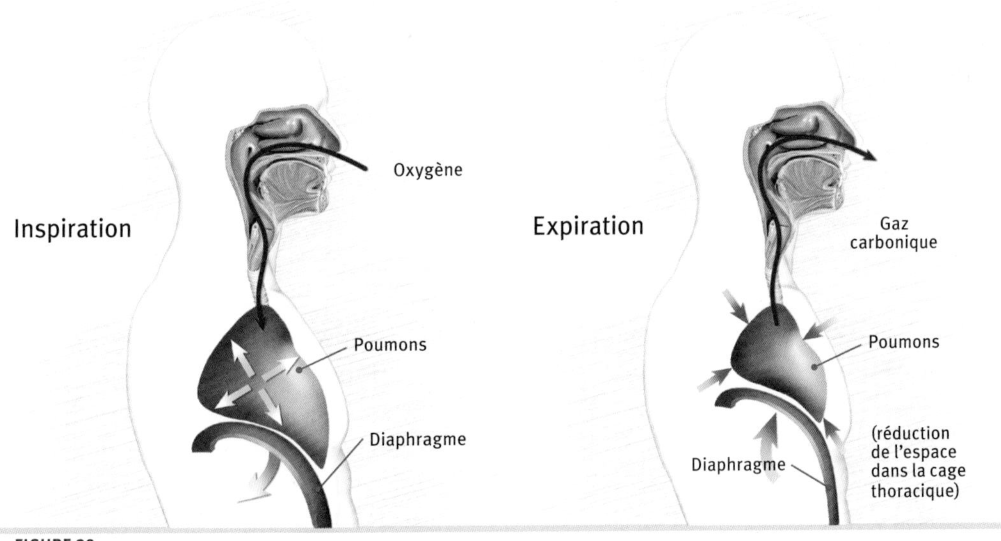

FIGURE 39

LE SYSTÈME CARDIOVASCULAIRE, ARTÉRIEL ET VEINEUX

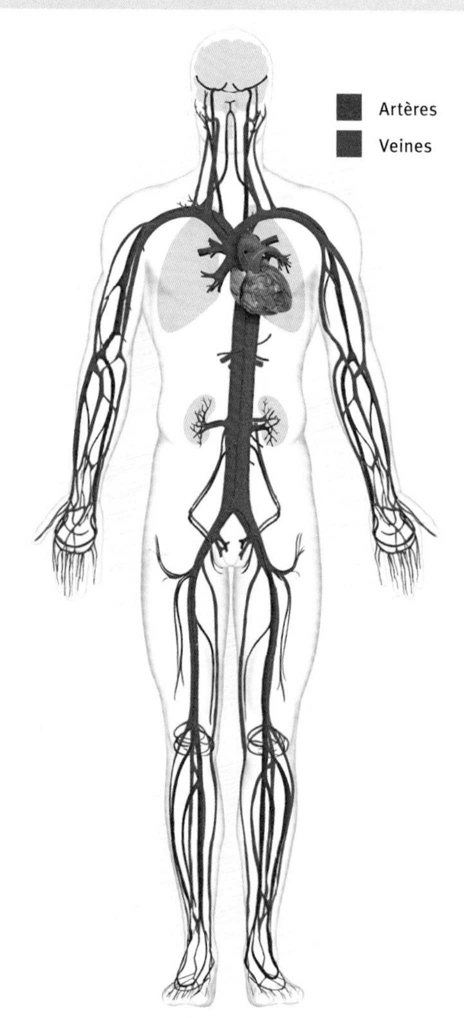

Le système vasculaire du corps humain est séparé en deux systèmes : veineux et artériel. Le système veineux contient du sang chargé de gaz carbonique, plus sombre, bleuté. Le système artériel contient du sang riche en oxygène, plus clair, plus rouge.

FIGURE 40

C'est donc par la respiration que nous amenons de l'oxygène nouveau vers les cellules de notre corps et que nous nous débarrassons du gaz carbonique qui résulte du travail cellulaire. Le gaz carbonique et l'oxygène étant des gaz, la fonction première de la respiration est de contrôler les échanges gazeux. De ce fait, les fonctions respiratoires sont sensibles aux concentrations de gaz carbonique et d'oxygène dans le sang. Ainsi, la respiration est accélérée lorsque les concentrations de gaz carbonique montent et que les concentrations d'oxygène diminuent dans le sang. À l'inverse, elle est ralentie lorsqu'il y a plus d'oxygène et moins de gaz carbonique dans le sang. La respiration peut être améliorée en prenant des respirations plus amples ou en augmentant leur fréquence. À chacune des respirations, de l'air nouveau est inspiré dans les poumons en passant par un système de tubulures qui permet à l'air d'atteindre les poumons, soit le larynx, la trachée et l'arbre bronchique. Au cours d'une respiration normale, environ 500 ml, soit l'équivalent des deux tiers d'une bouteille de vin, sont inspirés et expirés. Seulement les deux tiers de ce volume sont utilisés pour la respiration car le reste demeure dans le système de tubulures. Ce tiers restant est donc perdu dans ce qu'on appelle l'« espace mort » du système respiratoire. C'est pour cette raison qu'il est beaucoup plus efficace de prendre de grandes respirations lentes que de respirer rapidement et superficiellement.

LA RESPIRATION AU COURS DU CYCLE VEILLE-SOMMEIL

Au cours de la journée, lorsque nous sommes éveillés, nous pouvons modifier notre respiration à volonté. Nous pouvons donc pratiquer des exercices de relaxation avec contrôle conscient de la respiration, réduire sa fréquence et en augmenter l'amplitude. Nous pouvons aussi décider de pratiquer un sport intense, qui augmente nos besoins énergétiques et respiratoires. Nous pouvons respirer par le nez ou par la bouche et décider de le faire volontairement. Généralement, les gens respirent par le nez, c'est ce qu'on appelle une respiration nasale. Au cours de certaines activités comme la plongée sous-marine, les plongeurs pratiquent la respiration buccale, car leur nez est comprimé par leur masque de plongée. L'apport d'air doit se faire à l'aide d'un tuyau raccordé à une bonbonne d'oxygène (mêlé à de l'azote). La partie initiale du système respiratoire est particulière en ce sens qu'elle remplit également d'autres fonctions. La bouche et le nez servent également à manger et à sentir, le pharynx sert à déglutir, et le larynx permet de parler. Ces espaces communs sont formés d'un tissu complexe et sophistiqué de muscles contrôlés par une panoplie de nerfs crâniens et cervicaux. Au cours de l'enfance, nous apprenons à faire un usage efficace de ces muscles en parlant, en mastiquant et en avalant sans s'étouffer. Qui ne se rappelle pas l'enseignement de ses parents : ne pas parler en mangeant, sinon on risque de s'étouffer ! Plusieurs de ces muscles reçoivent une stimulation du système de maintien de l'éveil, ce qui leur permet d'avoir un tonus musculaire élevé au cours de l'éveil pour maintenir bien ouvertes les voies respiratoires supérieures.

Le passage de l'état de veille à l'état de sommeil s'accompagne d'une perte de ce stimulus d'éveil des muscles de l'oropharynx. Il n'est d'ailleurs pas rare que des personnes en santé présentent une pause respiratoire à l'endormissement. Cette baisse du tonus musculaire s'accentue au fur et à mesure que le sommeil devient plus

profond. Pour plusieurs muscles de l'oropharynx, en particulier ceux qui ont une fonction mixte, donc non limitée à la respiration, le tonus musculaire tombe à son plus bas niveau au cours du sommeil paradoxal. C'est donc un jeu de pressions passives des muscles de l'oropharynx qui permet de maintenir ouvertes les voies aériennes au cours du sommeil. Chaque inspiration provoque en fait un phénomène de succion à l'intérieur même du système de tuyaux respiratoires. Les parties molles de ce système, qui se trouvent entre les os du nez et le larynx, sont sensibles à ce jeu de pressions et risquent de s'affaisser périodiquement lors du sommeil chez certaines personnes. Par ailleurs, la forme du cou et du crâne affecte la géométrie des voies aériennes supérieures ; ces facteurs anatomiques jouent donc un rôle important dans le maintien de l'ouverture des voies aériennes supérieures lors du sommeil.

DORMIR EN ALTITUDE

Lorsqu'on s'élève au-dessus du niveau de la mer, la pression barométrique environnante chute. L'air se raréfie et devient moins dense, ce qui entraîne une baisse marquée de la pression des gaz qui le composent, en particulier de l'oxygène qu'il contient. L'air qui entre dans les poumons et qui descend jusque dans les alvéoles pulmonaires est donc réduit en apport d'oxygène. Ce phénomène s'accentue au fur et à mesure qu'on s'élève au-dessus du niveau de la mer. Lors d'une ascension rapide en haute montagne, les alpinistes reçoivent moins d'oxygène à chaque respiration, ce qui fait diminuer la teneur en oxygène dans leur sang. Les chémorécepteurs captent cette chute d'oxygène, et le corps réagit en respirant plus amplement et plus rapidement. Cette phase dite d'hyperventilation entraîne alors une chute du taux de gaz carbonique dans le sang. Le corps réagit fortement à cette chute de gaz carbonique en respirant moins vite. Cette phase dite d'hypoventilation cause à son tour une baisse du taux d'oxygène dans le sang, et le cycle recommence.

Ces cycles d'oscillation respiratoire entre phases d'hyperventilation et d'hypoventilation sont caractéristiques de la respiration lors d'un voyage rapide en altitude. On les observe en période d'éveil mais ils sont plus marqués lors du sommeil. Parfois, la chute du gaz carbonique en cours de sommeil est si prononcée qu'elle descend sous le seuil à partir duquel l'organisme cesse temporairement de respirer : c'est le phénomène d'apnée du sommeil. On parle alors d'apnée du sommeil centrale car elle résulte de la cessation des efforts respiratoires.

Le sommeil, lors des premiers jours en altitude, est fragmenté par des éveils répétés et il est moins profond, plus pauvre en sommeil lent profond. Les éveils surviennent souvent au sortir d'un cycle d'hypoventilation et annoncent une phase d'hyperventilation. Les alpinistes se plaignent alors d'un sommeil de moins bonne qualité et souvent de fatigue ou de somnolence au cours de la journée. Certains traitements préventifs sont disponibles et agissent en diminuant la réactivité de la réponse respiratoire à la baisse de gaz carbonique lors des phases d'hyperventilation. Dans les situations les plus extrêmes, on peut devoir administrer de l'oxygène. Des somnifères consommés à petites doses peuvent améliorer la qualité du sommeil sans entraver la fonction respiratoire. Il convient toutefois auparavant de s'assurer qu'il n'y a pas de pathologie pulmonaire sous-jacente.

LE RONFLEMENT

Le ronflement est un son lié à la respiration et qui survient au cours du sommeil. Il est produit par la vibration des tissus mous présents dans l'arbre respiratoire, soit ceux qui sont situés entre le nez et le larynx. On l'a vu, le tonus musculaire dans l'oropharynx se relâche lors de l'endormissement. Cela augmente le risque de vibration des tissus mous du fond de la gorge. Le maintien de la position couchée sur le dos, le décubitus dorsal, occasionne un affaissement de la langue vers l'arrière de la bouche, ce qui augmente encore le risque de ronfler. Toutes les conditions qui augmentent la turbulence de l'air dans les conduits respiratoires peuvent aggraver le ronflement.

CONSEILS POUR RÉDUIRE LE RONFLEMENT

- Perdre du poids.
- Limiter la prise d'alcool en soirée et s'abstenir au moins deux heures avant le coucher.
- Éviter la prise de médications qui produisent de la somnolence en soirée (dont les somnifères).
- Considérer des astuces pour réduire le décubitus dorsal lors du sommeil (par exemple, coudre une balle de tennis dans le dos du pyjama).
- Envisager la prise d'un décongestionnant nasal lors de rhumes ou de grippes.
- Éviter la privation de sommeil.
- Considérer le port d'aide mécanique (par exemple, des dilatateurs nasaux).

FIGURE 41

C'est ce qui survient lors d'une obstruction nasale (par exemple, lors d'un rhume), qui produit soit une résistance au passage de l'air, soit l'augmentation de l'effet de succion dans l'oropharynx, soit la tendance à respirer par la bouche. C'est aussi pourquoi les personnes souffrant d'embonpoint ou d'obésité ont plus de risques de ronfler que les dormeurs sveltes : on note chez ces patients une infiltration des tissus mous de l'oropharynx par de la graisse. Certains traits anatomiques liés à la forme du cou et de la tête peuvent aussi être en cause et expliquent que la tendance à ronfler peut être plus présente dans certaines familles.

À cause de l'anatomie de leurs voies respiratoires, environ deux fois plus d'hommes que de femmes ronflent, et la prévalence des symptômes varie grandement d'une étude à l'autre. Fait étonnant, lors de la grossesse, près de trois femmes sur dix ronfleraient ! La présence de ronflements et de fatigue chez la femme enceinte peut indiquer l'existence d'apnées du sommeil. Or, ces dernières devraient être repérées car elles peuvent avoir des répercussions néfastes sur le fœtus (Komninos et coll., 2011). Le ronflement est aggravé par les situations qui diminuent encore davantage le tonus musculaire de l'oropharynx lors du sommeil. C'est ce qui se passe lorsque le dormeur a pris de l'alcool ou des somnifères en soirée. Bien que le ronflement isolé ne soit pas dangereux pour la santé du dormeur, il peut être le symptôme d'un trouble respiratoire plus sérieux au cours du sommeil, soit le syndrome d'apnée du sommeil de type obstructif. Ce syndrome, décrit plus loin, sera pointé si d'autres symptômes qui l'accompagnent habituellement sont présents, en particulier la somnolence diurne.

Il existe plusieurs méthodes visant à réduire le ronflement (figure 41). En général, il est utile de réviser l'hygiène de sommeil. Les ronfleurs sont encouragés à éviter la privation de sommeil à cause du « rebond » de sommeil – après une privation de sommeil, l'augmentation de la durée du sommeil observée – et du risque accru de ronflement que ce rebond peut entraîner. Il leur est recommandé de ne pas consommer d'alcool au moins deux heures avant le coucher et de toujours en réduire la consommation en soirée. On invite les ronfleurs bien enrobés à perdre du poids, particulièrement en révisant leurs habitudes alimentaires et en augmentant leur niveau d'activités physiques (Schwartz et coll., 2008). Des études récentes ont montré que le contrôle de la position au cours du sommeil peut aussi avoir des effets bénéfiques chez certains patients apnéiques (Heinzer et coll., 2012). On pourrait aussi imaginer des moyens pour éviter de dormir sur le dos, par exemple, coudre une balle de tennis dans le dos du pyjama. Le dormeur est gêné dès qu'il adopte la position sur le dos. Il change alors spontanément de position au cours de son sommeil. Un patient souffrant d'apnée du sommeil avait même trouvé plus ingénieux d'utiliser le soutien-gorge de sa conjointe comme structure mécanique pour garder des balles de tennis en place dans le dos de son pyjama ! Enfin, dans les cas les plus graves de ronflement, les patients peuvent considérer le port d'aides mécaniques telles que des dilatateurs nasaux. Des interventions chirurgicales sont également possibles. À la connaissance de l'auteure, il n'existe pas de test fiable pour prédire quels patients répondront favorablement à ces dernières interventions.

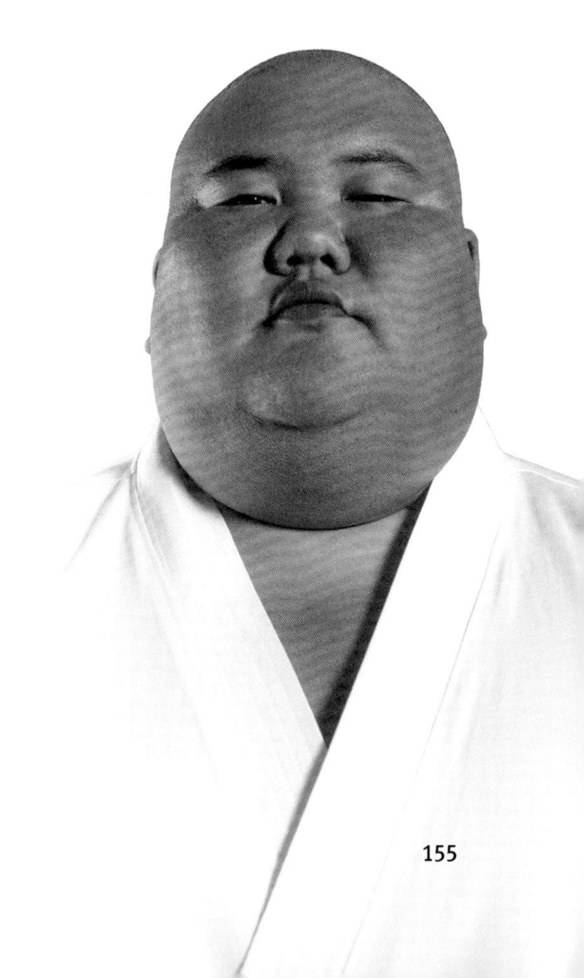

LE SYNDROME DES APNÉES ET DES HYPOPNÉES DU SOMMEIL

Il arrive que des patients cessent de respirer périodiquement au cours de leur sommeil. On parle d'une apnée lorsque le patient cesse totalement de respirer pendant au moins dix secondes, puis d'un syndrome d'apnée du sommeil lorsque ce phénomène survient au moins cinq fois par heure de sommeil (Fleetham et coll., 2007). Certains patients arrêtent de respirer plus de trente fois par heure ! Il arrive que la respiration soit moins ample, moins profonde, sans toutefois cesser totalement. On parle alors d'une hypopnée lorsque la réduction de l'amplitude respiratoire répond à certains critères établis. En général, le nombre moyen d'apnées et d'hypopnées survenant par heure de sommeil sera considéré afin d'établir un diagnostic de syndrome d'apnées et d'hypopnées du sommeil. Ce nombre est appelé l'index d'apnées et d'hypopnées du sommeil (IAH) et sert à quantifier la gravité du syndrome. L'impact de ces changements sur la qualité de la respiration au cours du sommeil sera aussi pris en compte en quantifiant la saturation en oxygène dans le sang. À l'état d'éveil, le niveau de saturation en oxygène dans le sang se situe autour de 98 à 100 %. Dans les cas graves d'apnée du sommeil, ce niveau de saturation peut chuter aussi bas que 55 à 60 %, ce qui a des répercussions cardiovasculaires, métaboliques et cérébrales néfastes (Jean-Louis et coll., 2008). En effet, des troubles métaboliques augmentant le risque de développer un diabète sucré ont été observés chez les patients apnéiques. Ces troubles métaboliques sont une fonction de la gravité de la condition médicale (Bulcun et coll., 2012).

Le type de syndrome d'apnée du sommeil dont souffre un patient est également identifié lors des enregistrements de dépistage. Il y a deux grands types d'apnée, les apnées centrales et les apnées obstructives. Une apnée centrale résulte de l'absence de commande respiratoire (comme celle que nous avons décrite concernant les dormeurs en altitude). Au cours d'une apnée centrale, aucun effort pour respirer ne se manifeste et aucun volume d'air ne passe par les poumons. Une apnée obstructive résulte plutôt d'une obstruction au passage de l'air lors de la respiration. Au cours d'une apnée obstructive, on remarque que des efforts importants sont faits pour respirer, mais qu'aucune circulation d'air ne se produit dans les voies respiratoires. Le syndrome d'apnée du sommeil centrale affecte environ un patient apnéique sur dix. Le syndrome d'apnée du sommeil obstructive affecte environ neuf patients apnéiques sur dix. Cela dit, les cas « purs » sont très rares et la plupart du temps, le patient présente les deux types d'apnées avec prédominance des centrales ou des obstructives (tableau mixte) (figure 42).

Le syndrome d'apnée du sommeil de nature obstructive est un problème de plus en plus fréquent dans la société moderne, ce qui s'explique principalement par la croissance des problèmes d'embonpoint et d'obésité et la reconnaissance plus courante du problème par la communauté médicale. Le tableau clinique type d'un patient ayant ce syndrome est celui d'un homme obèse, au cou court et trapu, et qui ronfle de façon inquiétante au cours de son sommeil. Il faut toutefois demeurer vigilant, car ce syndrome peut aussi survenir chez des patients sveltes qui ne se plaignent que de ronfler et d'être fatigués au cours de la journée. Il peut également survenir chez la femme, particulièrement après la ménopause. Les efforts répétés pour respirer se terminent souvent par un éveil soudain accompagné d'un effort intense pour dégager l'obstruction, généralement combiné à un bruit tonitruant. Certains patients apnéiques ronflent si fort que le bruit produit par leurs ronflements peut dépasser les normes environnementales relatives au bruit la nuit. On a rapporté des ronflements dépassant 85 décibels (le niveau de bruit perçu à l'intérieur d'une voiture en circulation urbaine) chez des patients apnéiques. Il est donc fort utile pour le médecin d'obtenir le récit de la partenaire. Les ecchymoses résultant des coups de coude de la conjointe dans les côtes du patient pour qu'il arrête de ronfler en disent long... Il n'est pas rare pour un couple de faire chambre à part pour cette raison, mais les dormeurs des chambres voisines pourraient toujours se plaindre des ronflements du patient.

Le syndrome d'apnée du sommeil perturbe grandement la qualité du sommeil

LES APNÉES DU SOMMEIL : APNÉES CENTRALES, APNÉES OBSTRUCTIVES ET APNÉES MIXTES

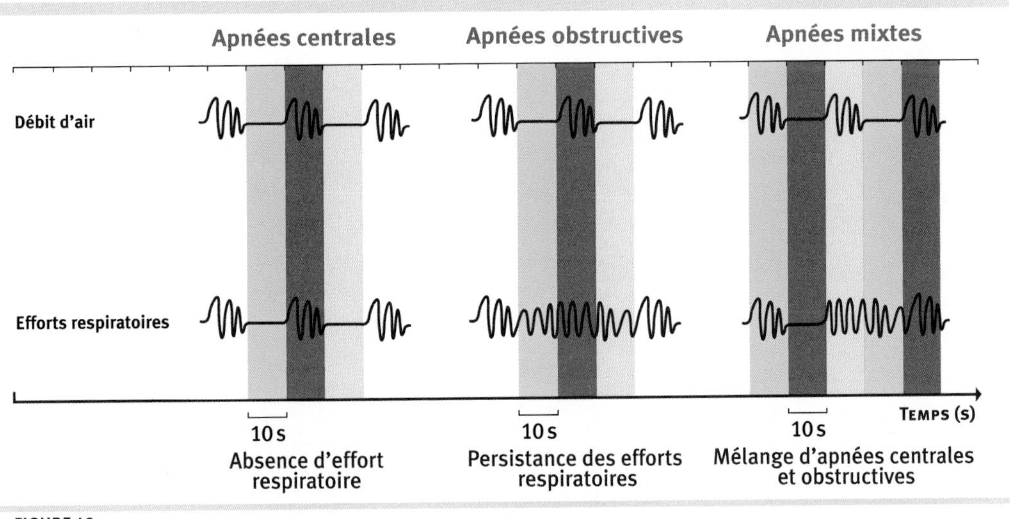

FIGURE 42

nocturne en le fragmentant par des éveils répétés. Le dormeur se lève souvent le matin plus fatigué qu'au coucher et traîne cette fatigue toute la journée. C'est d'ailleurs la cause la plus fréquente de somnolence diurne excessive. Dans le syndrome d'apnée du sommeil, la somnolence est présente toute la journée, a tendance à augmenter au fil des heures et n'est pas soulagée par une sieste. Les patients peuvent d'ailleurs se réveiller encore plus fatigués après une sieste, surtout si elle a été parsemée d'apnées.

Les éveils répétés au cours du sommeil et la baisse du taux d'oxygène dans le sang peuvent contribuer à l'apparition de somnolence diurne et de divers troubles cognitifs (Jean-Louis et coll., 2012). Les patients apnéiques peuvent donc souffrir de problèmes de concentration, de mémoire et de perte de productivité au travail. Ils peuvent avoir de la difficulté à maintenir des degrés de vigilance acceptables au cours de leurs périodes d'éveil, ce qui augmente le risque d'accidents au travail et lors de la conduite automobile. Il est essentiel que les patients prennent conscience de ces risques et évitent les situations potentiellement dangereuses pour leur sécurité et celle d'autrui. Une personne ne devrait jamais continuer de conduire lorsqu'elle ressent de la fatigue importante au volant. Lorsque les patients apnéiques tentent de résister à leur somnolence diurne, ils peuvent présenter le phénomène de comportements automatiques avec amnésie des faits. S'ils sont au volant de leur voiture, ils peuvent se « réveiller » dans un endroit donné, parfois inconnu, sans se souvenir de la manière dont ils s'y sont rendus. Des changements d'humeur et de l'irritabilité peuvent survenir, et les apnéiques non traités rapportent souvent des problèmes de libido et des troubles érectiles.

La baisse périodique du taux d'oxygène dans le sang inflige un stress important au système cardiovasculaire. Par conséquent, on observe des troubles cardiovasculaires comme l'apparition d'hypertension artérielle ou l'aggravation du risque de maladie coronarienne et d'infarctus du myocarde chez les patients apnéiques, surtout s'ils souffrent d'un syndrome sévère.

Les patients atteints d'apnées de type obstructif ont tendance à souffrir davantage de somnolence diurne excessive, alors que ceux atteints d'apnées de type central rapportent surtout une difficulté à bien dormir. Par contre, près de un patient sur deux souffrant d'apnées de type obstructif se plaint d'un sommeil agité, et avec l'âge, les patients ont tendance à souffrir d'insomnie. Les éveils répétés dans ce type de syndrome peuvent déclencher des épisodes de somnambulisme et même de trouble comportemental en sommeil paradoxal, deux pathologies au cours desquelles les frontières entre les états de vigilance sont floues (chapitre 9).

On a découvert divers facteurs de risque qui influencent l'apparition d'un

TRAITEMENT DES APNÉES À L'AIDE DE VENTILATION EN PRESSION AÉRIENNE POSITIVE CONTINUE (PAPC, OU CPAP)

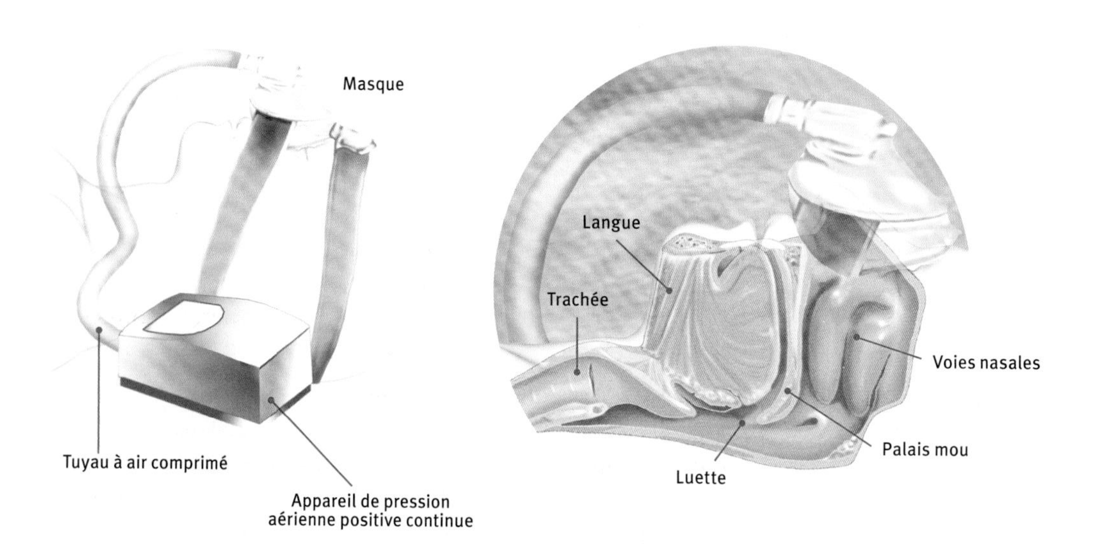

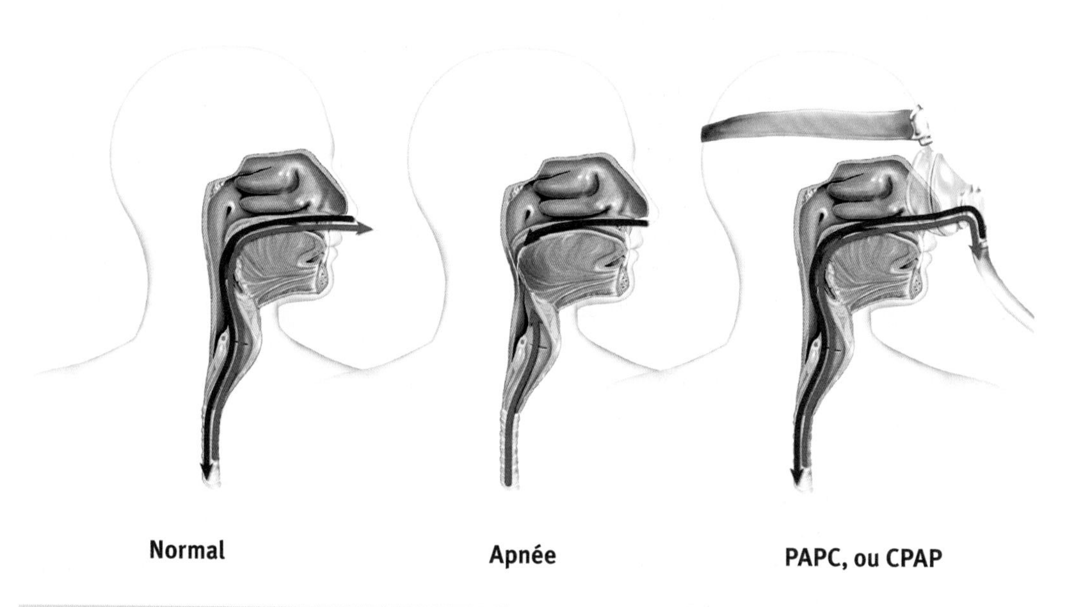

FIGURE 43

syndrome d'apnée du sommeil. L'obésité est un facteur de risque important, et près d'un patient obèse sur quatre en souffrirait, ce risque grimpant au fur et à mesure que le tour de taille s'épaissit. Comme pour le ronflement, des facteurs familiaux liés à l'anatomie de la tête et du cou sont aussi en cause. Comme nous l'avons vu précédemment, le tonus des muscles de l'oropharynx se relâche au cours du sommeil. Et lorsque l'anatomie des voies aériennes est rétrécie, les contractions des muscles de l'oropharynx sont insuffisantes pour maintenir les voies aériennes ouvertes au cours du sommeil. Une ou plusieurs obstructions surviendront alors dans les voies respiratoires supérieures, et ce, de manière répétée au cours du sommeil. La consommation d'alcool, de somnifères ou de toute substance produisant de la somnolence peut réduire encore davantage le tonus des muscles de l'oropharynx au cours du sommeil. Ces produits peuvent également perturber la réponse du système respiratoire à la chute du taux d'oxygène dans le sang et augmenter le seuil d'éveil lors des événements apnéiques. Tous ces facteurs peuvent aggraver un état déjà jugé comme problématique.

Le syndrome d'apnée centrale est quant à lui surtout associé à d'autres pathologies, comme de l'insuffisance cardiaque, des cas de surdosage aux narcotiques, diverses maladies neurologiques sévères comme celles qui découlent d'une encéphalite, d'un accident vasculaire cérébral, d'une tumeur ou d'un diabète sucré mal contrôlé. Toutes ces maladies affectent l'un ou l'autre des mécanismes de contrôle de la respiration au cours du sommeil.

Le traitement de choix du syndrome d'apnée du sommeil de types obstructif et mixte est le port d'un appareil de pression aérienne positive continue, ou appareil CPAP (pour *Continuous Positive Airway Pressure*) (figure 43). Cet appareil pousse de l'air comprimé dans les voies respiratoires du patient par son nez au cours de la nuit. Il agit donc comme une « attelle pneumatique » et maintient les voies aériennes ouvertes au cours du sommeil. Une période de rodage est nécessaire au cours de laquelle la pression d'air à administrer est réglée. Il est important que les patients aient accès à un service de soutien technique pour l'ajustement de leur appareil. Un suivi médical est également nécessaire pour évaluer leur réponse au traitement. Ces conditions peuvent grandement influencer l'adhérence du patient au traitement et le succès de ce dernier.

Ce traitement est fortement recommandé pour traiter les cas sévères d'apnées du sommeil, et idéalement, l'appareil est porté toutes les nuits. D'autres approches thérapeutiques peuvent être suggérées dans les cas allant des plus légers à modérés, dont le port de prothèses nocturnes. Divers types d'appareillage ont été commercialisés à cette fin. Certains agissent en avançant la mâchoire, alors que d'autres ont pour but de tirer la langue vers l'avant. Ces appareils sont toutefois beaucoup mieux adaptés, confortables et efficaces s'ils sont mis en bouche par un dentiste.

Il arrive enfin que des patients préfèrent envisager une correction chirurgicale à leur problème d'obstruction respiratoire nocturne. Les premiers traitements chirurgicaux élaborés pour traiter les apnées du sommeil étaient très invasifs et consistaient à effectuer une trachéotomie, soit une ouverture directe dans le cou vers la trachée. Aujourd'hui, des approches plus sophistiquées sont disponibles, dont l'uvulo-palato-pharyngoplastie. Cette technique vise à agrandir la cavité oropharyngée en éliminant des tissus mous tels que la luette et le palais mou. Les sites d'obstruction sont cependant souvent multiples et les apnées peuvent persister après la chirurgie. Un suivi médical est donc nécessaire. D'autres approches chirurgicales extrêmes, appelées chirurgies bariatriques, permettent de traiter les cas d'obésité morbide en visant à réduire l'absorption de nourriture dans le tractus gastro-intestinal pour favoriser une perte de poids radicale.

La révision des habitudes de vie et le maintien d'un poids santé sont importants pour les patients apnéiques. Il arrive que la seule perte de poids soit suffisante pour traiter des cas légers d'apnée du sommeil. Cependant, cette approche isolée est souvent insuffisante et l'utilisation de prothèses orales ou d'un appareil de pression aérienne positive continue sera suggérée. Les conseils décrits pour réduire le ronflement devraient aussi être suivis par les patients apnéiques. Ceux-ci devraient éviter la consommation d'alcool, de somnifères et de tout dépresseur respiratoire en soirée. Ils devraient mettre des mesures en place pour éviter de dormir couché sur le dos et minimiser les situations occasionnant une privation additionnelle de sommeil.

Les perturbations de la respiration la nuit ont des conséquences sérieuses pour la santé du dormeur car la chute des niveaux d'oxygène dans le sang est néfaste pour le cœur, le cerveau et l'organisme entier. Le dormeur apnéique est souvent inconscient de ses pauses respiratoires. Ce trouble se traite relativement bien mais nécessite une prise en charge médicale et un suivi adéquat. Parlez-en à votre médecin, si vous ronflez de façon magistrale la nuit et souffrez de somnolence excessive. Vous devriez alors redoubler de prudence dans les situations au cours desquelles une baisse de vigilance pourrait avoir des conséquences néfastes (lors de la conduite d'un véhicule ou l'utilisation d'équipements dangereux).

Que retenir de ce chapitre ?

- L'environnement influence les échanges respiratoires, qui affectent à leur tour le sommeil.
- Le contrôle de la respiration change au cours du sommeil, période vulnérable à sa détérioration.
- Des facteurs anatomiques liés à la forme de la tête et du cou prédisposent certains individus aux ronflements et aux apnées nocturnes.
- Le syndrome d'apnée du sommeil est caractérisé par des arrêts répétés et prolongés de la respiration au cours du sommeil. Dans les cas sévères, les niveaux d'oxygène chutent dangereusement dans le sang.
- La baisse des niveaux d'oxygène dans le sang, les efforts répétés pour respirer et les perturbations du sommeil associées aux apnées du sommeil représentent un risque pour la santé cardiovasculaire.
- Le syndrome d'apnée du sommeil est la cause la plus fréquente de somnolence diurne excessive et doit être recherché chez un patient qui ronfle fort la nuit et s'endort le jour.
- Des traitements efficaces existent pour contrôler les apnées du sommeil dont le port d'un appareil de pression aérienne positive continue (PAPC ou CPAP).
- Les patients apnéiques devraient réviser leurs habitudes de vie et envisager une perte de poids s'ils souffrent d'embonpoint.

Quand le rêve devient réalité...

CHAPITRE 9

Histoires à dormir debout

Troubles d'agitation nocturne

Ce chapitre porte sur les pathologies qui perturbent le sommeil et se manifestent par des mouvements ou des comportements anormaux au cours de la nuit. Les troubles du sommeil décrits dans ce chapitre présentent donc une composante d'agitation survenant durant la nuit. Ils peuvent appartenir à la catégorie des parasomnies – des phénomènes d'agitation motrice survenant au cours du sommeil –, en particulier lors des transitions entre les stades de sommeil. Les myoclonies d'endormissement, le somnambulisme, les terreurs nocturnes et la somniloquie en sont des exemples. Les parasomnies ne sont pas nécessairement considérées comme des phénomènes anormaux, un constat qu'on fait fréquemment lorsqu'elles surviennent pendant l'enfance. La gravité de ces phénomènes, l'âge auquel ils se manifestent et les répercussions sur la qualité de vie du patient sont autant de facteurs qui déterminent si ces troubles nécessitent une attention médicale. Il arrive toutefois que l'agitation nocturne soit l'expression d'un trouble neurologique qui perturbe le sommeil, en particulier les mécanismes du contrôle musculaire pendant le sommeil. L'exemple type en est le trouble comportemental en sommeil paradoxal. Les mouvements périodiques des jambes au cours du sommeil sont aussi décrits dans le présent chapitre, car ils amènent souvent le patient à bouger les jambes, à se lever et à marcher la nuit pour se soulager. Enfin, les accès d'agitation nocturne peuvent être la manifestation d'un problème d'ordre neurologique comme l'épilepsie. Ces troubles sont parfois difficiles à évaluer et requièrent donc une consultation médicale et des études approfondies en laboratoire de sommeil.

LES PARASOMNIES

Les parasomnies sont des phénomènes d'agitation motrice et de comportements souvent d'allure stéréotypée et bizarre survenant pendant le sommeil. Cette classe fascinante de phénomènes témoigne d'une zone d'ambivalence entre les manifestations propres au sommeil et celles de l'éveil (Mahowald et coll., 2011). En effet, au cours des accès de parasomnie, le patient est profondément endormi mais agit comme s'il était éveillé. On peut même induire des accès de parasomnie en éveillant partiellement un patient susceptible (de somnambulisme, par exemple) pendant son sommeil. Deux grandes classes de parasomnies ont été établies : celles qui surviennent au cours du sommeil paradoxal (les phases de rêve) et celles qui se manifestent pendant les autres phases de sommeil, soit les parasomnies non-REM. Le somnambulisme et les terreurs nocturnes sont des exemples de parasomnies non-REM qui arrivent souvent lors du sommeil lent profond. Elles sont aussi parfois appelées parasomnies à ondes lentes. Comme le sommeil lent profond est concentré en début de nuit et le sommeil paradoxal en fin de nuit, les parasomnies non-REM et REM sont plus fréquentes en début et en fin de nuit, respectivement (figure 45). Les réveils au cours des stades de sommeil lent profond sont généralement associés à de la confusion passagère. Ainsi, une certaine désorientation accompagne les parasomnies à ondes lentes : les patients se souviennent très vaguement de leur rêve ou du cauchemar qui précédait leur réveil. En comparaison, les patients qui s'éveillent lors d'un accès de parasomnie en sommeil REM retrouvent plus rapidement leurs esprits et font fréquemment un récit élaboré de rêve en lien avec leurs mouvements inappropriés la nuit. L'effort qu'il faut faire pour réveiller un patient lors d'un accès de parasomnie est souvent très grand, que ce dernier survienne en sommeil lent profond ou en sommeil paradoxal.

LES MYOCLONIES D'ENDORMISSEMENT

Les myoclonies d'endormissement se manifestent par des sursauts subits pendant la transition entre l'état de veille et le sommeil. Ces phénomènes témoignent d'un relâchement subit du tonus musculaire accompagnant l'endormissement. Aucun traitement n'est requis, car il s'agit d'un phénomène normal. Avant de se mettre au lit, une période de détente visant la réduction du stress quotidien pourrait aider à abaisser la tension musculaire et réduire l'incidence de ce phénomène.

LA SOMNILOQUIE

Certaines personnes parlent au cours de leur sommeil. Ce phénomène, appelé somniloquie, accompagne souvent d'autres types de parasomnie comme le somnambulisme ou les terreurs nocturnes. La somniloquie peut se manifester au cours d'autres stades de sommeil que le sommeil lent profond, et même lors du sommeil paradoxal. La somniloquie ne requiert ni investigation médicale ni traitement particulier (à moins que le patient ne révèle des secrets gênants). Une révision de l'hygiène de sommeil, la réduction de la consommation d'alcool en soirée et une meilleure régularité des heures de coucher et de lever sont toujours à considérer, surtout si la situation devient fréquente et perturbe le sommeil du conjoint.

LE SOMNAMBULISME

Le somnambulisme se caractérise par des épisodes d'agitation nocturne au cours desquels la personne est profondément endormie mais présente des comportements qui semblent coordonnés comme si elle était éveillée. Les comportements du dormeur peuvent paraître stéréotypés, composés de gestes machinaux. Au cours des accès de somnambulisme, le dormeur peut déambuler sans but apparent, s'alimenter ou faire des choses irrationnelles comme uriner dans la sécheuse ou déplacer des objets qu'il cherchera le lendemain. Dans les cas les plus sévères, le somnambule peut se mettre en situation périlleuse, comme sortir du domicile en tenue de nuit ou s'infliger des blessures accidentelles en trébuchant sur un

obstacle. Des cas de défenestration ou de comportements violents ou inappropriés de nature sexuelle ont aussi été rapportés. Les accès de somnambulisme surviennent au cours du sommeil non-REM, en particulier lors du sommeil lent profond. Ils sont par le fait même plus fréquents lors des premières heures de la nuit, celles-ci étant plus riches en sommeil des stades 3 et 4.

Cette association entre le somnambulisme et les stades de sommeil lent profond explique pourquoi le somnambule est souvent difficile à éveiller et confus lors d'un éveil forcé. La confusion au réveil dépend du phénomène appelé l'inertie du sommeil. Comme les enfants ont beaucoup plus de sommeil lent profond que les adultes, ils sont plus à risque de vivre des épisodes de somnambulisme. Certaines études rapportent que près d'un enfant sur cinq en aurait vécu. Le somnambulisme et les terreurs nocturnes sont d'ailleurs si fréquents au cours de l'enfance qu'ils sont considérés comme des phénomènes normaux accompagnant la croissance et la maturation du cerveau. Il est plus rare que le somnambulisme se poursuive à l'âge adulte, et environ une personne sur vingt-cinq en est atteinte. Une prédisposition génétique semble alors être en cause, et on recense des familles chez qui plusieurs membres en sont affectés jusqu'à un âge avancé. Il faut également éliminer la présence d'un trouble du sommeil sous-jacent tel qu'un trouble respiratoire nocturne (Cao et Guilleminault, 2010).

Le somnambulisme chez l'enfant n'exige généralement aucun traitement. La meilleure attitude pour les parents est de réconforter leur enfant et de lui suggérer doucement de retourner se coucher. Comme le seuil d'éveil est élevé lors du sommeil lent profond, il peut être passablement difficile d'éveiller un dormeur somnambule, mais il ne faut pas hésiter à le faire si le somnambule est en situation périlleuse, sur le point de sauter d'un balcon, par exemple, ou de commettre un geste répréhensible. Chez l'adulte, il peut parfois être nécessaire de traiter le somnambulisme. Il faut d'abord réviser l'hygiène de sommeil. Comme les épisodes surviennent au cours du sommeil lent profond, le patient doit apprendre à minimiser les situations qui augmentent ces stades de sommeil comme la privation de sommeil. La consommation d'alcool en soirée, surtout en quantité importante, et de certains somnifères peut aggraver ce problème. Leur consommation doit donc être revue. Des accès de comportements nocturnes avec amnésie et état dissociatif causant parfois même des démêlés avec la justice sont connus (Umanath et coll., 2011). Dans la plupart des cas, ces épisodes sont associés à un milieu familial perturbé ou à la consommation excessive d'alcool ou de sédatifs en soirée. Dans les cas sévères, des médicaments peuvent être envisagés pour réduire les accès de somnambulisme. Certains de ces produits agissent en réduisant la quantité de sommeil lent profond. On doit toutefois discuter de ces démarches avec son médecin traitant, et les patients doivent éviter de cesser la médication recommandée de manière abrupte.

Il arrive que le somnambulisme soit occasionné par d'autres troubles du sommeil comme l'apnée du sommeil, les mouvements périodiques des jambes au cours du sommeil, l'épilepsie nocturne ou certains médicaments utilisés en psychiatrie. Ces accès peuvent aussi se manifester lors des périodes menstruelles chez certaines femmes. En effet, diverses conditions causent souvent des perturbations du sommeil pouvant déclencher des crises de somnambulisme chez les patients prédisposés à en faire.

LES TERREURS NOCTURNES

Les terreurs nocturnes se manifestent par des éveils avec symptômes de panique généralement associés à des rêves déplaisants et des cris nocturnes. On peut alors remarquer chez le dormeur des indices d'anxiété tels qu'un pouls accéléré, une respiration rapide, de la transpiration et une dilatation des pupilles. Les terreurs nocturnes, comme les accès de somnambulisme, surviennent au cours des stades de sommeil non-REM, surtout en sommeil lent profond, et appartiennent aux parasomnies dites non-REM. Elles sont donc plus fréquentes en début de nuit. Le dormeur peut sembler confus et difficile à

(suite page 172)

La privation de sommeil

La privation de sommeil est un manque de sommeil accumulé au cours d'une ou de plusieurs nuits. La privation peut être totale, lorsque le dormeur saute une nuit de sommeil complète, ou partielle, lorsqu'elle est limitée au début ou à la fin de la nuit.

Il est possible, pour des fins expérimentales, de réaliser une privation sélective de certains stades spécifiques de sommeil. Des expériences de privation sélective de sommeil paradoxal ont en effet été réalisées il y a une trentaine d'années chez les patients dépressifs pour en voir les effets sur l'humeur (chapitre 6). Cette manipulation a induit chez de nombreux patients, après quelques semaines, un effet antidépresseur qui s'apparente à celui des médications antidépressives utilisées à l'époque. Des expériences de privation sélective de sommeil lent profond ont aussi été effectuées pour étudier l'impact du sommeil sur le métabolisme (chapitre 5).

Après une privation de sommeil, l'organisme tente de récupérer pour « rembourser sa dette de sommeil ». Ainsi, les nuits qui suivent une privation de sommeil sont marquées par un rebond du sommeil lent profond : elles en sont plus riches et l'activité cérébrale du dormeur présente de nombreuses ondes lentes, les ondes delta (figure 44). Pour récupérer d'une nuit complète de sommeil perdue, il faut toutefois plus d'une nuit de récupération : environ trois nuits sont nécessaires pour récupérer d'une nuit blanche. La première nuit suivant une nuit complète de privation de sommeil est la plus récupératrice et est très riche en sommeil lent profond, tandis que les deux nuits subséquentes en présentent de moins en moins.

Un rebond est aussi observé en sommeil paradoxal. Après une nuit de privation complète ou partielle de sommeil, ce rebond explique l'apparition de rêves plus intenses au cours de la nuit de récupération. Comme le sommeil lent profond est plus concentré en début de nuit et que le sommeil paradoxal est plus concentré en fin de nuit, la privation partielle de sommeil a un effet différent selon qu'elle affecte le début ou la fin de la nuit.

L'inertie du sommeil

Lorsqu'on se réveille, on ne retrouve complètement ses esprits qu'après un certain temps. Au cours de cette période de transition, les facultés sont affaiblies, les réactions sont plus lentes, les sens sont moins aiguisés. Autant il faut du temps pour s'endormir, autant il en faut pour se réveiller !

Ce phénomène, qu'on appelle l'inertie du sommeil, dépend du stade de sommeil présent au moment de l'éveil et de l'heure de la journée (Silva et Duffy, 2008). On peut comparer l'inertie du sommeil à l'inertie d'un corps en mouvement. Plus la masse qui se déplace est lourde et rapide (par exemple, un train chargé de passagers roulant à toute vitesse), plus la distance et la puissance de freinage pour l'arrêter seront grandes. Ainsi, plus le sommeil est profond, plus la confusion sera grande lors d'un réveil forcé et plus le temps nécessaire pour retrouver ses esprits sera long. Les parents d'un nouveau-né, les médecins de garde, les pompiers et les membres de toute équipe d'urgence connaissent bien ce phénomène. Il faut attendre que l'inertie se soit dissipée avant de prendre une décision importante qui pourrait affecter sa propre sécurité ou celle d'un tiers.

Il semble également exister une variabilité d'un dormeur à l'autre quant à l'importance de ce phénomène. Certaines personnes, surtout celles qui ne « dorment que d'une oreille », semblent plus promptes que d'autres à s'éveiller facilement. En comparaison, d'autres dormeurs mettent plus de temps à s'éveiller et sont plus engourdis et lents au réveil.

L'EFFET DE LA PRIVATION D'UNE NUIT DE SOMMEIL

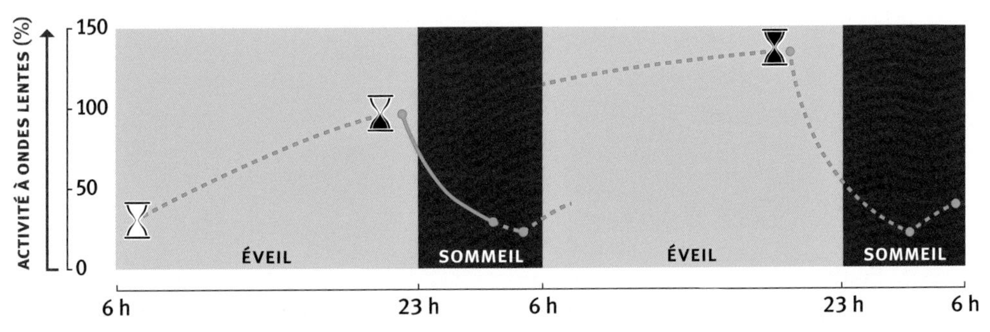

Suivant une nuit de privation de sommeil, plus de sable sera accumulé. Le sable s'écoulera plus intensément lors de la nuit de récupération, entraînant plus de sommeil lent profond.

FIGURE 44

Adapté de Borbély et coll., 1982.

consoler à ce moment. Les enfants risquent davantage de faire des terreurs nocturnes. Une fois réveillé et apaisé, l'enfant pourrait rapporter confusément qu'il a fait un mauvais rêve. En fait, le type de rêve et la description que le dormeur peut en faire varient selon le stade de sommeil au cours duquel l'éveil survient. La meilleure attitude pour les parents est de rassurer l'enfant et de l'encourager à se rendormir... dans son lit et non dans celui de ses parents, pour éviter l'apparition de mauvaises habitudes et l'utilisation des terreurs nocturnes comme porte d'entrée vers la chambre des parents.

Les terreurs nocturnes disparaissent généralement avec l'âge. Lorsqu'elles persistent ou apparaissent à l'âge adulte, leur prise en charge est plus complexe. Il faut alors évaluer la possibilité que le stress et des tensions d'ordre psychologique s'expriment sous forme de terreurs nocturnes au cours du sommeil, surtout si ces dernières sont fréquentes. Il faut également explorer la possibilité que d'autres diagnostics expliquent ces phénomènes d'agitation nocturne.

LE TROUBLE COMPORTEMENTAL AU COURS DU SOMMEIL PARADOXAL

Le sommeil paradoxal se caractérise par une activité cérébrale élevée (presque autant qu'à l'état d'éveil), des mouvements oculaires rapides et une atonie musculaire – une paralysie complète passagère des muscles squelettiques. Un trouble neurologique qui affecte les mécanismes cérébraux responsables de la paralysie musculaire en sommeil paradoxal a été décrit et est appelé trouble comportemental en sommeil paradoxal. Cet état se manifeste par des accès d'agitation nocturne et des comportements violents au cours du sommeil (Boeve, 2010). Le patient réveillé à la suite de ces accès rapporte souvent qu'il faisait un rêve agité au cours duquel il se débattait, se défendait contre un ennemi, courait, bougeait frénétiquement. Dans la réalité, on constate qu'il est agité lors de son sommeil, qu'il peut frapper sa partenaire de lit, déplacer des objets, se blesser et se réveiller avec des marques sur le corps et même des fractures.

Cette pathologie s'apparente à celle qui a été décrite chez le chat par le professeur Michel Jouvet en 1965. L'équipe de Jouvet avait alors créé un modèle expérimental dans le but de comprendre les bases neurologiques de la paralysie musculaire passagère survenant normalement en sommeil paradoxal. Pour tester le modèle, les chercheurs avaient infligé à des chats des lésions à certaines parties du tronc cérébral qui causent l'atonie musculaire en sommeil paradoxal. Les chats ainsi lésés présentaient des comportements de peur, de défense et d'attaque au cours de leurs phases de sommeil paradoxal, et on pouvait même comprendre, d'après le comportement des animaux, les rêves qu'ils faisaient. Aujourd'hui, on peut dire qu'il s'agit d'un bon modèle animal pour le trouble comportemental en sommeil paradoxal, même si à l'époque cette maladie était inconnue (figure 46).

Le trouble comportemental en sommeil paradoxal est un désordre intrinsèque du sommeil et exige une évaluation en clinique spécialisée. Une étude polysomnographique du sommeil révélera la présence de cycles de sommeil perturbés par des périodes de sommeil paradoxal anormales. Ces périodes sont anormales car elles ne présentent pas l'atonie musculaire habituellement observée au cours de ce stade de sommeil. Le trouble comportemental

(suite page 176)

HYPNOGRAMME MONTRANT LA DISTRIBUTION DES TERREURS NOCTURNES

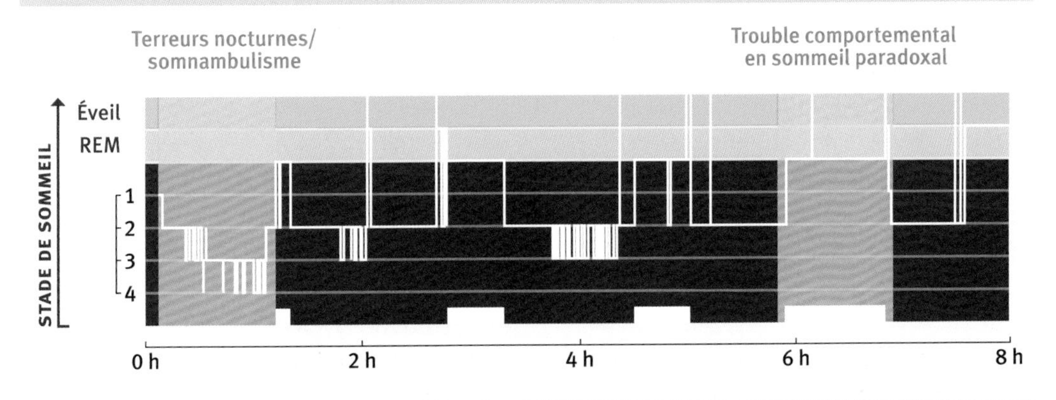

FIGURE 45

Hypnogramme, laboratoire du Dr D. B. Boivin.

Les rêves

Au sens large, on appelle rêve toute imagerie mentale survenant pendant le sommeil. Le type de rêve, du moins le récit qui en est fait par le dormeur, pourra différer selon le stade de sommeil au cours duquel il survient. Si l'on considère les différents stades de sommeil et leur succession au cours de la nuit, on note d'abord le sommeil léger de stade 1, qui est un sommeil très léger de transition entre l'éveil et le sommeil. Au cours du sommeil de stade 1, la pensée commence à dévier de la réalité et le dormeur s'installe tranquillement dans un état de rêverie. Certaines personnes éveillées au cours du stade 1 argueront qu'elles n'ont pas dormi ! Par contre, lorsqu'une minute complète est écoulée dans ce stade, on considère que le patient était endormi. Survient ensuite le stade 2, soit le stade qui compose la base même du sommeil. Chez l'adulte, un récit de rêve est rapporté dans seulement environ 15 % des éveils au cours de ce stade, comparativement à environ 85 % pour les éveils survenant au cours des stades de sommeil paradoxal.

Les récits de rêves faisant suite aux éveils en sommeil lent profond sont plus difficiles à obtenir, car de la confusion, voire une amnésie passagère, marque l'éveil au cours des stades 3 et 4 de sommeil. Les récits de rêve, s'ils peuvent être obtenus, sont beaucoup plus vagues, moins élaborés que ceux des rêves qui surviennent pendant le sommeil paradoxal. Les récits de rêves recueillis lors d'éveils en cours de sommeil paradoxal sont souvent des histoires complexes, abracadabrantes, avec une imagerie visuelle riche et une suite apparemment logique pour le rêveur, mais dont la logique apparaît moins limpide à l'entourage. Lorsque les rêves sont de nature désagréable, on parle de cauchemars. Comme le sommeil paradoxal est plus abondant en fin de nuit, les cauchemars sont eux aussi plus concentrés dans cette partie de la nuit, comparativement aux terreurs nocturnes, qui sont surtout concentrées en début de nuit.

↖ Le médecin, psychiatre et psychologue suisse Carl G. Jung a fait des études importantes sur les rêves.

→ Gravure célèbre du peintre espagnol Francisco de Goya (1746-1828) : *Le songe de la raison produit des monstres.*

l sueño
e la razon
produce
monstruos

en sommeil paradoxal toucherait environ 0,5 % de la population, surtout des hommes d'âge mûr, quoique des femmes puissent également en être atteintes. Il peut être associé à d'autres maladies neurologiques dégénératives comme la maladie de Parkinson ou la démence à corps de Lewy (Postuma et coll., 2009). On traite ce trouble avec des médications comme le clonazépam, qui appartient à la classe des benzodiazépines, ou d'autres médications qui agissent sur le système nerveux. On a récemment rapporté des succès thérapeutiques avec la mélatonine, mais on ne comprend pas encore les raisons de son efficacité comme traitement. Lorsque ce trouble est induit par l'usage de médicaments (dont certains utilisés en psychiatrie), une amélioration nette est constatée lors de leur arrêt. Il faut de plus revoir la sécurité de la chambre à coucher afin de minimiser le risque de traumatismes pour le patient et sa partenaire.

LÉSION CÉRÉBRALE DANS LE TROUBLE COMPORTEMENTAL EN SOMMEIL PARADOXAL

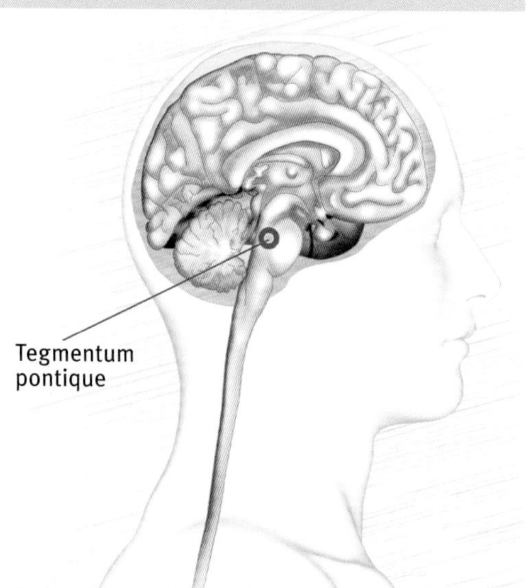

Selon le modèle expérimental du chat de Jouvet, une lésion du tegmentum pontique provoquerait une perte d'atonie musculaire en sommeil paradoxal.

FIGURE 46

L'ÉPILEPSIE NOCTURNE

L'épilepsie est une maladie qui se manifeste par des accès subits de convulsions, des spasmes, qui affectent les bras, les jambes et le tronc. Les crises peuvent être totales, avec perte de conscience et convulsions. Elles démarrent souvent dans un bras ou une jambe et se généralisent rapidement à l'ensemble du corps. On parle alors de crise généralisée de type Grand Mal. Le patient présente fréquemment de l'incontinence urinaire et se mord la langue pendant ces épisodes. Il arrive que ces crises surviennent au cours du sommeil, et des patients ne font parfois que des crises nocturnes (Husain et Sinha, 2011). Une histoire de convulsions au cours du sommeil, de morsure de la langue et d'incontinence urinaire nocturne constitue un signe d'alarme qui nécessite une intervention médicale.

Le sommeil lent profond est un stade propice à la diffusion de l'activité épileptique à plusieurs zones du cerveau, alors que les crises ont tendance à diminuer en fréquence lors des périodes de sommeil paradoxal (marquées par l'atonie musculaire qui en limite l'expression). Certaines formes d'épilepsie survenant pendant les périodes d'éveil ont été décrites comme très complexes et associées à des comportements bizarres. C'est ce qui arrive par exemple en cas de lésions des régions temporales du cerveau. Des phénomènes de ce type peuvent également survenir en cours de sommeil, sans être associés à des convulsions, mais constituer aussi l'expression de crises d'épilepsie. Ces troubles sont parmi les désordres du sommeil les plus difficiles à diagnostiquer et requièrent parfois plusieurs études polysomnographiques en laboratoire de sommeil. L'épilepsie nocturne est contrôlée par un traitement pharmacologique et nécessite donc la prise de médications antiépileptiques.

LE SYNDROME DES JAMBES SANS REPOS ET LES MOUVEMENTS PÉRIODIQUES DES JAMBES AU COURS DU SOMMEIL

Le syndrome des jambes sans repos (SJSR) est une maladie neurologique caractérisée par des sensations désagréables dans les membres qui génèrent un besoin pressant de les bouger. Les malaises sont ressentis le plus souvent dans les jambes, mais peuvent également se manifester dans les bras. Ces malaises sont décrits par les patients comme une impression de lourdeur, des fourmillements, des picotements, des brûlures ou des douleurs. Les malaises ont tendance à culminer en soirée et en début de nuit et occasionnent souvent de la difficulté à s'endormir. On peut diminuer les sensations désagréables par le mouvement des jambes, la friction et la marche.

Souvent, le syndrome des jambes sans repos est associé aux mouvements périodiques des jambes au cours du sommeil (MPJS). Dans ce dernier trouble, les patients manifestent des mouvements répétitifs des jambes répondant à des critères de périodicité très précis (figure 47). Les mouvements répétés des jambes qui surviennent pendant le sommeil le perturbent, en diminuent l'efficacité et causent souvent des éveils nocturnes. Il n'est pas rare que les patients soient réveillés par leurs jambes et qu'ils doivent se lever pour marcher afin de réduire les sensations désagréables ressenties dans les jambes. De l'insomnie de maintien du sommeil résulte souvent de ce trouble médical. Cela dit, les patients ne sont pas

ENREGISTREMENT POLYSOMNOGRAPHIQUE DE MOUVEMENTS PÉRIODIQUES DES JAMBES AU COURS DU SOMMEIL (MPJS)

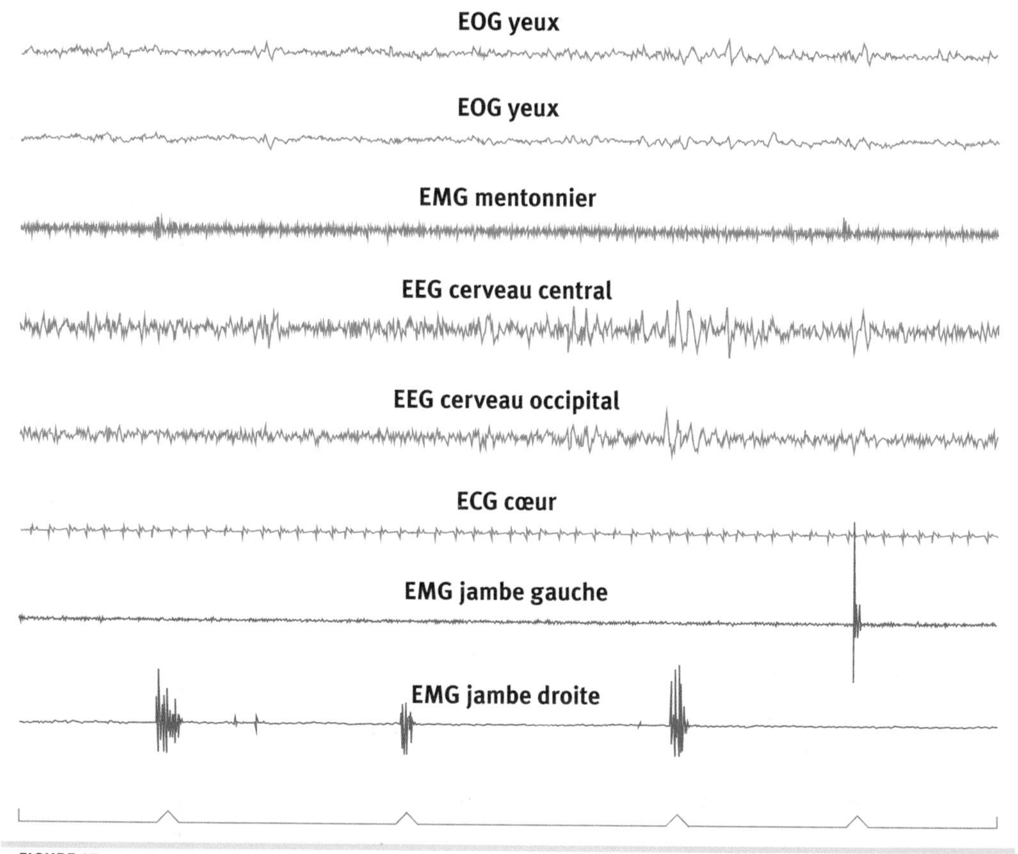

FIGURE 47

Enregistrements, laboratoire du Dr D. B. Boivin.

toujours conscients qu'ils bougent les jambes en dormant et ne comprennent pas pourquoi ils se réveillent plus fatigués le matin qu'au coucher et traînent cette fatigue toute la journée. C'est pourquoi certains patients souffrant de mouvements périodiques des jambes au cours du sommeil rapportent plutôt de la fatigue et de la somnolence diurne que de l'insomnie.

Le syndrome des jambes sans repos et les mouvements périodiques des jambes au cours du sommeil sont deux phénomènes si souvent associés qu'on les considérait jusqu'à tout récemment comme les deux volets du même désordre médical. Cette idée n'est pas totalement fausse car les deux désordres ont les mêmes causes biologiques, les mêmes facteurs de risque et répondent aux mêmes traitements. Par contre, certains patients présentent un SJSR sans MPJS, et d'autres, l'inverse. Enfin, certains patients connaissent les deux problèmes à la fois. Le syndrome des jambes sans repos surviendrait chez 5 à 15 % de la population et serait associé à de l'insomnie d'endormissement dans 85 % des cas. On estime que de 1 à 15 % environ des patients insomniaques présenteraient des mouvements périodiques des jambes au cours de leur sommeil. Il s'agit donc de troubles médicaux courants.

FACTEURS AGGRAVANT LE SJSR ET LES MPJS

- Anémie
- Déficience en fer
- Caféine
- Alcool
- Neuropathies périphériques
- Fibromyalgie
- Arthrite rhumatoïde
- Antihistaminiques sédatifs
- Plusieurs antidépresseurs
- Certains antipsychotiques

FIGURE 48

Ces deux états sont liés à une transmission déficiente du neurotransmetteur dopamine dans des circuits du tronc cérébral. Le risque de développer l'un ou l'autre de ces troubles s'accroît d'ailleurs avec l'âge car le métabolisme de la dopamine se détériore en vieillissant. De plus, on note la présence de facteurs de susceptibilité génétiques et l'apparition des deux syndromes chez des membres d'une même famille. Le Saguenay–Lac-Saint-Jean, au Québec, est l'une des régions reconnues pour la prévalence élevée de ces troubles, une situation qui découle du fait que de nombreux mariages ont eu lieu au cours du siècle dernier parmi un groupe restreint de personnes, ce qui a favorisé l'expression d'un gène de susceptibilité pour ces maladies. Des études récentes ont également permis de lier ces phénomènes à une déficience en fer dans des régions cérébrales telles que les noyaux gris centraux, importants pour le contrôle des mouvements. L'anémie ainsi que la carence en fer aggravent ces troubles.

La lésion neurologique à l'origine des sensations désagréables dans les jambes et des mouvements périodiques des jambes au cours du sommeil est localisée dans le tronc cérébral, la partie du système nerveux qui relie la moelle épinière au cerveau. Le problème de base n'est donc pas dans les jambes, même si les patients y ressentent des sensations désagréables puissantes. Des problèmes dorsolombaires et des maladies comme l'insuffisance rénale peuvent aussi en exacerber les symptômes. Les patients en dialyse rénale peuvent d'ailleurs souffrir d'un syndrome des jambes sans repos si grave que le fait de devoir rester assis longtemps sans trop bouger devient un problème pour leurs séances d'hémodialyse. Certains médicaments et l'excès de caféine ou d'alcool peuvent aussi aggraver ces symptômes de sorte qu'il est conseillé d'en limiter la consommation (figure 48).

Le syndrome des jambes sans repos se diagnostique à partir de l'histoire médicale du patient, alors que le dépistage des mouvements périodiques des jambes au cours du sommeil se fait par enregistrement du sommeil. Comme les deux conditions sont souvent liées, il est utile de faire effectuer une étude polysomnographique en laboratoire du sommeil. Cette étape permettra non seulement de confirmer le diagnostic mais d'en évaluer la gravité.

Les malaises associés à ces troubles sont traités par des médicaments qui en réduisent les symptômes, mais ne guérissent pas la maladie, qui perdurera toute la vie durant. Il s'agit donc d'un traitement de confort, et le patient doit discuter avec son médecin des avantages et inconvénients de celui-ci. Certains médicaments comme le pramipexole font diminuer l'apparition des sensations désagréables et des mouvements des jambes au cours du sommeil, alors que d'autres comme le clonazépam réduisent les réveils nocturnes qui les accompagnent.

En conclusion, la frontière entre les états de veille et de sommeil n'est pas toujours bien définie. Ainsi certains patients peuvent présenter des comportements complexes la nuit alors qu'ils sont profondément endormis. Appelés parasomnies, ces phénomènes sont considérés normaux chez l'enfant lorsqu'ils surviennent en sommeil lent profond. Ils posent problème et nécessitent souvent une prise en charge médicale lorsqu'ils persistent à l'âge adulte. Des troubles plus sérieux, d'ordre neurologique, tels que l'épilepsie nocturne ou le trouble comportemental en sommeil paradoxal, peuvent aussi survenir. Ces derniers nécessitent généralement des investigations complexes et répétées en clinique spécialisée du sommeil.

Que retenir de ce chapitre ?

- Plusieurs états de conscience limites peuvent s'observer au cours du sommeil en ce sens que le dormeur est profondément endormi mais agit comme s'il était éveillé.
- Ces états, appelés parasomnies, appartiennent à deux classes principales, soit les parasomnies à sommeil non-REM et celles à sommeil REM.
- Les parasomnies à sommeil non-REM surviennent surtout en début de nuit. On y retrouve les accès de somnambulisme et de terreurs nocturnes.
- Les parasomnies à sommeil REM surviennent surtout en fin de nuit. On y retrouve le trouble comportemental en sommeil paradoxal.
- Les enfants présentent fréquemment des parasomnies à sommeil non-REM car leur sommeil est très riche en sommeil lent profond.
- D'autres troubles neurologiques peuvent survenir au cours de la nuit comme des crises nocturnes d'épilepsie.
- Le syndrome des jambes sans repos et celui des mouvements périodiques des jambes au cours du sommeil perturbent aussi l'efficacité du sommeil et peuvent amener le patient à marcher en pleine nuit. Par contre, il ne s'agit pas de parasomnies mais de troubles neurologiques.
- Les parasomnies chez l'enfant requièrent rarement un traitement pharmacologique. En revanche, chez l'adulte, les troubles graves comme le trouble comportemental en sommeil paradoxal, l'épilepsie nocturne et les mouvements périodiques des jambes sévères au cours du sommeil nécessitent souvent une prise de médicaments.

CONCLUSION

Pour en finir avec le sommeil

Le sommeil est un état complexe au cours duquel le cerveau se régénère en se déconnectant du monde extérieur. Ce repli physique et psychologique permet aux neurones de relâcher les connexions intenses qu'ils forment entre eux en période d'éveil et de faire en quelque sorte table rase avant la journée nouvelle qui s'amorce.

Les mécanismes cellulaires précis par lesquels le cerveau et le corps se reposent au cours du sommeil ne sont que partiellement connus et font l'objet de recherches intenses. Les dernières découvertes démontrent le rôle important joué par les cellules de soutien du cerveau et leur communication avec les neurones dans la régulation des états de veille et de sommeil. Il est clair que les mécanismes en cause dans la production du sommeil et du sommeil lent profond sont intimement liés à ceux qui sont impliqués dans la régénération du cerveau. Ces constatations indiquent qu'une meilleure hygiène de sommeil et de vie pourrait améliorer la santé et, par le fait même, la qualité de vie à un âge plus avancé.

Ces connaissances ont aussi donné lieu à des stratégies de traitement de la dépression basées sur la manipulation du cycle veille-sommeil. Les études en ce sens révèlent que dormir et ne pas dormir affectent simultanément l'humeur et la régénération cérébrale. De telles avenues sont encourageantes car elles favorisent la mise en place de conseils basés sur l'horaire de sommeil et d'exposition à la lumière et à l'obscurité. Ces interventions pratiques permettent souvent d'amplifier l'action bénéfique des traitements pharmacologiques.

Le sommeil aide également l'apprentissage et l'acquisition de nouvelles connaissances. Les différents stades de sommeil qui se succèdent la nuit forment en quelque sorte une chaîne de montage pour l'intégration et l'emmagasinage des nouvelles connaissances acquises la journée précédente. Ainsi, la rétention à long terme de ces connaissances et les performances qui en découlent peuvent être améliorées par un sommeil adéquat. Les athlètes ont tout intérêt d'ailleurs à intégrer une bonne hygiène de sommeil à leur entraînement, conseil qui a d'autant plus de valeur après un décalage horaire ! Sommeil d'or, médaille d'or ?

Le sommeil et l'éveil forment un cycle influencé par une horloge biologique qui contrôle les rythmes diurnes de notre corps. Qualifiée de circadienne, cette horloge contrôle des cycles d'environ vingt-quatre heures à l'intérieur de notre corps. Les journées biologiques internes sont ajustées aux journées terrestres, car l'horloge centrale décode des signaux dans l'environnement qui lui indiquent l'heure du jour et de la nuit. Le plus puissant de ces signaux, l'alternance de lumière et d'obscurité, fait en sorte que même l'horloge biologique de certains patients aveugles parvient à percevoir la lumière et à s'ajuster à ce signal. Pour cette raison, le traitement de tous les troubles des rythmes circadiens nécessite le contrôle rigoureux de l'exposition à la lumière. Des recherches récentes dans notre laboratoire et d'autres ont révélé la présence d'horloges circadiennes autres que l'horloge centrale. Nous avons montré que la désynchronisation de ces horloges périphériques l'une par rapport à l'autre pourrait jouer un rôle important dans les troubles d'ajustement au travail nocturne et entraîner un risque accru d'apparition de certains troubles médicaux chez les travailleurs de nuit.

Enfin, la dernière décennie a été riche en découvertes sur les impacts métaboliques du sommeil et de sa restriction. Une privation de sommeil même de quelques heures par nuit affecte le métabolisme des sucres et des graisses et augmente le risque d'embonpoint : il faut bien dormir pour demeurer svelte ! Une fois le surplus de poids installé, le risque de développer des problèmes de santé, dont un syndrome d'apnée du sommeil, augmente. Comme il vaut mieux prévenir que guérir, il serait sage de fermer sa marge de crédit chez Morphée. Cette approche sera de plus en plus tendance car, dans notre vie moderne au rythme effréné, le manque de sommeil et la fatigue, ainsi que les interventions visant à les gérer, demeureront un sujet de prédilection jusqu'à ce qu'on dorme suffisamment, et que le sujet lui-même porte à dormir…

À propos de l'auteure

DR DIANE B. BOIVIN M.D., PH.D.

Le Dr Diane B. Boivin est professeure agrégée de médecine et de psychiatrie à l'Université McGill, à Montréal. Après sa formation médicale en 1986, elle décide de poursuivre ses études académiques à l'Université de Montréal et y complète un doctorat en sciences neurologiques pour lequel elle décroche la médaille d'or du Gouverneur général du Canada. Elle effectue par la suite à l'Université Harvard un stage postdoctoral sur les rythmes circadiens humains avant de revenir à Montréal en 1997. Elle fonde alors puis dirige le Centre d'étude et de traitement des rythmes circadiens humains à l'Institut universitaire en santé mentale Douglas.

À l'Institut Douglas, le Dr Boivin étudie des individus placés dans un environnement hors du temps pendant plusieurs jours et semaines d'affilée. Ses études portent sur l'effet de la lumière sur les rythmes circadiens humains, avec des applications éventuelles pour les travailleurs de nuit et les voyageurs. Son équipe et ses collaborateurs furent les premiers à déceler la présence de rythmes dans l'expression des gènes de l'horloge circadienne dans les cellules sanguines blanches. Ils ont montré que ces rythmes peuvent être perturbés à un niveau fondamental lorsque des individus vivent sur des horaires de nuit. Ces résultats ouvrent la porte à de nouvelles et prometteuses avenues de recherche pour soutenir les personnes aux prises avec des horaires non conventionnels de travail. Le Dr Boivin s'intéresse également au rôle joué par l'horloge biologique sur la fonction cardiaque et à l'interaction entre les rythmes circadiens, menstruels et saisonniers. Ses recherches sont importantes pour comprendre les impacts d'une perturbation du sommeil et des rythmes circadiens sur la santé physique et mentale.

Le Dr Boivin siège au comité éditorial de plusieurs grandes revues scientifiques: *Sleep, Sleep Medicine, Journal of Biological Rhythms* et *Chronobiology International.* En 1997, elle a été éditrice invitée d'un numéro spécial de la revue *Sleep Medicine* traitant des troubles des rythmes circadiens et en 2012, elle devient éditrice associée de la revue *Sleep*, l'une des plus importantes dans le domaine. Depuis le début de sa carrière, elle a publié près de 300 communications scientifiques sous forme d'articles de recherche, de chapitres de livre, de livres, de rapports de recherche et de résumés de conférences. Elle a également été membre du comité scientifique de nombreux congrès nationaux et internationaux sur le sommeil. En plus d'une carrière académique bien remplie, le Dr Boivin agit comme conférencière et experte scientifique sur plusieurs dossiers ayant trait à la gestion de la fatigue au travail et sert de consultante médico-légale sur des dossiers litigieux reliés aux perturbations de l'éveil et du sommeil.

Pour en savoir plus...

Chapitre 1 – À chacun son sommeil

Borbély, A. A. et P. Achermann (1999), « Sleep homeostasis and models of sleep regulation », *Journal of Biological Rhythms*, vol. 14, n° 6, p. 557-568.

Kollar, E. J., Pasnau, R. O., Rubin, R. T., Naitoh, P., Slater, G. G. et A. Kales (1969), « Psychological, psychophysiological, and biochemical correlates of prolonged sleep deprivation », *American Journal of Psychiatry*, vol. 126, n° 4, p. 488-497.

Luckhaupt, S.E., Woo Tak, S. et G.M. Calvert (2010), « The Prevalence of Short Sleep Duration by Industry and Occupation », dans « The National Health Interview Survey », *Sleep*, vol. 33, n° 2, p. 149-159.

Pasnau, R. O., Naitoh, P., Stier, S., Kollar, E. J. (1968), « The Psychological Effects of 205 Hours of Sleep Deprivation », *Archives of General Psychiatry*, vol. 18, n° 4, p. 496-505.

Saper, C.B., Fuller, P. M., Pedersen, N.P., Lu, J. et T. E. Scammell (2010), « Sleep State Switching », *Neuron*, vol. 68, n° 6, p. 1023-1042, doi:10.1016/j.neuron.2010.11.032.

Tasali, E., Leproult, R., Ehrmann, D. A. et coll. (2008), « Slow-wave sleep and the risk of type 2 diabetes in humans », *Proceedings of the National Academy of Sciences USA*, vol. 105, p. 1044-1049.

Van Dongen, H. P., Baynard, M. D., Maislin, G., Dinges, D. F. (2004), « Systematic interindividual differences in neurobehavioral impairment from sleep loss: evidence of trait-like differential vulnerability », *Sleep*, vol. 27, n° 3, p. 423-33.

Vogel, G. W., Vogel, F., McAbee, R. S. et A.J. Thurmond (1980), « Improvement of depression by REM sleep deprivation: new findings and a theory », *Archives of General Psychiatry*, vol. 37, n° 3, p. 247-53.

Wagner, U. et coll. (2004), « Sleep inspires insight », *Nature*, vol. 427, p. 352-355.

Chapitre 2 – Ma planète Terre

Arendt, J. (2009), « Managing jet lag: Some of the problems and possible new solutions », *Sleep Medicine Reviews*, vol. 13, n° 4, p. 249-56.

BARGER, L. K. et coll. (2006), « Impact of extended-duration shifts on medical errors, adverse events, and attentional failures », *PLoS Medicine*, vol. 3, nº 12, p. 487.

BOIVIN, D.B. et F.O. JAMES (2002), « Phase dependent effect of room light exposure in a 5-hour advance of the sleep/wake cycle: implications for jet lag », *Journal of Biological Rhythms*, vol. 17, nº 3, p. 266-276.

BOIVIN, D. B., TREMBLAY, G. M. et P. Boudreau (2010), *Les horaires rotatifs chez les policiers : étude des approches préventives complémentaires de réduction de la fatigue*, Montréal, Institut de recherche Robert-Sauvé en santé et en sécurité du travail, 102 pages.

BROWN, S. A. et coll. (2008), « Molecular insights into human daily behavior », *Proceedings of the National Academy of Sciences USA*, vol. 105, p. 1602-1607.

CERMAKIAN, N. et D. B. BOIVIN (2003), « A molecular perspective of human circadian rhythm disorders », *Brain Research Reviews*, vol. 42, nº 3, p. 204-220.

CUESTA, M. (2009), *Modulation sérotonergique différentielle de l'horloge circadienne principale entre rongeurs diurnes et nocturnes*, Thèse de doctorat, Université de Strasbourg, 205 pages.

CZEISLER, C., SHANAHAN, T. L., KLERMAN, E. B., MARTENS, H., BROTMAN, D. J., EMENS, J. S., KLEIN, T. et J. F. RIZZO 3rd (1995), « Suppression of melatonin secretion in some blind patients by exposure to bright light », *New England Journal of Medicine*, vol. 332, nº 1, p. 6-11.

GRONFIER, C., WRIGHT, K. P., KRONAUER, R. E. et C. A. CZEISLER (2007), « Entrainment of the human circadian pacemaker to longer-than-24-h days », *Proceedings of the National Academy of Sciences USA*, vol. 104, nº 21, p. 9081-9086.

HURST, M. (2008), *Qui dort la nuit de nos jours ? Les habitudes de sommeil des Canadiens*, Ottawa, Statistique Canada, vol. 11-008, p. 42-48.

KHALSA, S. B., JEWETT, M. E., CAJOCHEN, C. et C. A. CZEISLER (2003), « A phase response curve to single bright light pulses in human subjects », *The Journal of Physiology*, vol. 549, p. 945-952.

WITTMANN, M., DINICH, J., MERROW, M. et T. ROENNEBERG (2006), « Social jet lag: misalignment of biological and social time », *Chronobiology International*, vol. 23, nºs 1 et 2, p. 497-509.

CHAPITRE 3 – En quête de la fontaine de Jouvence

CAIN, S., DENNISON, C. F., ZEITZER, J. M., GUZIK, A. M., KHALSA, S. B. S., SANTHI, N., SCHOEN, M. W., CZEISLER, C. A. et J. F. DUFFY (2010), « Sex Differences in Phase Angle of Entrainment and Melatonin Amplitude in Humans », *Journal of Biological Rhythms*, vol. 25, nº 4, p. 288-296.

CARRIER. J., VIENS, I., POIRIER, G., ROBILLARD, R., LAFORTUNE, M., VANDEWALLE, G., MARTIN, N., BARAKAT, M., PAQUET, G. ET D. FILIPINI (2011), « Sleep slow wave changes during the middle years of life », *European Journal of Neuroscience*, vol. 33, nº 4, p. 758-66.

CERMAKIAN, N., WADDINGTON-LAMONT, E., BOUDREAU. P. ET D. B. BOIVIN (2011), « Circadian Clock Gene Expression in Brain Regions of Alzheimer's Disease Patients and Control Subjects », *Journal of Biological Rhythms*, vol. 26, nº 2, p. 160-170.

DUFFY, J. F., CAIN, S. W., CHANG, A.-M., PHILLIPS, A. J. K., MÜNCH, M. Y., GRONFIER, C., WYATT, J. K., DIJK, D.-J., WRIGHT, Jr., K. P. et C. A. CZEISLER (2011), « Sex difference in the near-24-hour intrinsic period of the human circadian timing system », *Proceedings of the National Academy of Sciences USA*, vol. 108, p. 15602-15608.

HAGENAUER, M. H., PERRYMAN, J. I., LEE, T. M. et M. A. CARSKADON (2009), « Adolescent Changes in the Homeostatic and Circadian Regulation of Sleep », *Developmental Neuroscience*, vol. 31, nº 4, p. 276-284.

KURTH, S., JENNI, O. G., RIEDNER, B. A., TONONI, G., CARSKADON, M. A. ET R. HUBER (2010),

« Characteristics of sleep slow waves in children and adolescents », *Sleep*, vol. 33, nº 4, p. 475-80.

Owens, J. A., Jones, C. et R. Nash (2011), « Caregivers' Knowledge, Behavior, and Attitudes Regarding Healthy Sleep in Young Children », *Journal of Clinical Sleep Medicine*, vol. 7, nº 4, p. 345-350.

Schechter, A., L'Espérance, P., Ng Ying Kin NMK et D. B. Boivin, « Nocturnal Polysomnographic Sleep across the Menstrual Cycle in Premenstrual Dysphoric Disorder », *Sleep Medicine* (sous presse).

Sowers, M. F., Zheng, H., Kravitz, H. M., Matthews, K., Bromberger, J. T., Gold, E. B., Owens, J., Consens, F. et M. Hall (2008), « Sex Steroid Hormone Profiles are Related to Sleep Measures from Polysomnography and the Pittsburgh Sleep Quality Index », *Sleep*, vol. 31, nº 10, p. 1339-1349.

Chapitre 4 – Quand on manque le bateau

Budhiraja, R., Roth, R., Hudgel, D. W., Budhiraja, P. et C. L. Drake (2011), « Prevalence and Polysomnographic Correlates of Insomnia Comorbid with Medical Disorders », *Sleep*, vol. 34, nº 7, p. 859-867.

Buysse, D. J., Angst, J., Gamma, A., Ajdacic, V., Eich, D. et W. Rössler (2008), « Prevalence, Course, and Comorbidity of Insomnia and Depression in Young Adults », *Sleep*, vol. 31, nº 4, p. 473-480.

Daley, M., Morin, C. M., LeBlanc, M., Grégoire, J.-P. et J. Savard (2009), « The Economic Burden of Insomnia: Direct and Indirect Costs for Individuals with Insomnia Syndrome, Insomnia Symptoms, and Good Sleepers », *Sleep*, vol. 32, nº 1, p. 55-64.

McKinstry, B., Wilson, P. et C. Espie (2008) « Nonpharmacological management of chronic insomnia in primary care », *British Journal of General Practice*, vol. 58, nº 547, p. 79-80.

Palagi, E., Leone, A., Mancini, G. et P. F. Ferrari (2009), « Contagious yawning in gelada baboons as a possible expression of empathy », *Proceedings of the National Academy of Sciences USA*, vol. 106, nº 46, p. 19262-19267.

Strogatz, S. H., Kronauer, R. E. et C. A. Czeisler (1987), « Circadian pacemaker interferes with sleep onset at specific times each day: role in insomnia », *American Journal of Physiology – Regulatory, Integrative and Comparative Physiology*, vol. 253, p. 72-178.

Taylor, D. J., Schmidt-Nowara, W., Jessop, C. A. et J. Ahearn (2010), « Sleep Restriction Therapy and Hypnotic Withdrawal versus Sleep Hygiene Education in Hypnotic Using Patients with Insomnia », *Journal of Clinical Sleep Medicine*, vol. 6, nº 2, p. 169-175.

Chapitre 5 – Qui dort dîne !

Benedict, C., Brooks, S. J., O'Daly, O. G., Almen, M. S., Morell, A., Åberg, K., Gingnell, M., Schultes, B., Hallschmid, M., Broman, J.-E., Larsson, E. M. et H. B. Schioth. (2012), « Acute Sleep Deprivation Enhances the Brain's Response to Hedonic Food Stimuli: An fMRI Study », *Journal of Clinical Endocrinology and Metabolism*, doi:10.1210/jc.2011-2759.

Boudreau, P., Wei, Hsien Yeh, Dumont, G. et D. B. Boivin (2012), « A circadian rhythm in heart rate variability contributes to the increased cardiac sympathovagal response to awakening in the morning », *Chronobiology International*, vol. 29, nº 6, p. 757-68.

Van Cauter, E. et K. L. Knutson (2008), « Sleep and the epidemic of obesity in children and adults », *European Journal of Endocrinology*, vol. 159, p. 59-66.

Taveras, E. M., Rifas-Shiman, S. L., Oken, E., Gunderson, E. P. et M. W. Gillman (2008), « Short sleep duration in infancy and risk of childhood overweight », *Archives of Pediatric and Adolescent Medicine*, vol. 162, nº 4, p. 305-311.

Olcese, U., Esser, S. K. et G. Tononi (2010), « Sleep and Synaptic Renormalization: A Computational Study », *Journal of Neurophysiology*, vol. 104, nº 6, p. 3476-3493.

MAGEE, C. A., HUANG, X.-F., IVERSON, D. C. et P. CAPUTI (2010), « Examining the Pathways Linking Chronic Sleep Restriction to Obesity », *Journal of Obesity*, article ID 821710, 8 pages, doi:10.1155/2010/821710.

DANG-VU, T. T., SCHABUS, M., DESSEILLES, M., STERPENICH, V., BONJEAN, M. et P. MAQUET (2010), « Functional Neuroimaging Insights into the Physiology of Human Sleep », *Sleep*, vol. 33, nº 12, p. 1589-1603.

CHAPITRE 6 – En attendant le Prince charmant

AAN HET ROT, M., COUPLAND, N., BOIVIN, D. B., BENKELFAT, C. ET S. N. YOUNG (2010), « Recognizing emotions in faces: effects of acute tryptophan depletion and bright light », *Journal of Psychopharmacology*, vol. 24, nº 10, p. 1447-1454.

BOIVIN, D. B., CZEISLER, C. A., DIJK, D. J., DUFFY, J. F., FOLKARD, S., MINORS, D., TOTTERDELL, P. et J. WATERHOUSE (1997), « Complex interaction of the sleep-wake cycle and circadian phase modulates mood in healthy subjects », *Archives of General Psychiatry*, vol. 54, nº 2, p. 145-152.

CLARK, C. P., BROWN, G. C., FRANK, L., THOMAS, L., SUTHERLAND, A. N. et J. C. GILLIN (2006), « Improved anatomic delineation of the antidepressant response to partial sleep deprivation in medial frontal cortex using perfusion-weighted functional MRI », *Psychiatry Research: Neuroimaging*, vol. 146, p. 213-222.

LAM, RAYMOND W. et A. J. LEVITT, dir. (1999), *Canadian Consensus Guidelines for the Treatment of Seasonal Affective Disorder*, Clinical and Academic Publishing, ISBN 0-9685874-0-2, 160 pages.

LEWY, A. J., LEFLER, B. J., EMENS, J.S. et V. K. BAUER (2006), « The Circadian Basis of Winter Depression », *Proceedings of the National Academy of Sciences*, vol. 103, nº 19, p. 7414-7419.

MAGNUSSON, A. et J. AXELSSON (1993), « The Prevalence of Seasonal Affective Disorder Is Low Among Descendants of Icelandic Emigrants in Canada », *Archives of General Psychiatry*, vol. 50, p. 947-951.

ROSENTHAL, N. E. et coll. (1984), « Seasonal Affective Disorder. A Description of the Syndrome and Preliminary Findings With Light Therapy », *Archives of General Psychiatry*, vol. 41, p. 72-80.

WEHR, T. A. et A. WIRZ-JUSTICE (1980), « Internal coincidence model for sleep deprivation and depression », dans Koella, W. P., dir. (1981), *Sleep*, Basel, Karger, p. 26-33.

CHAPITRE 7 – La Belle au bois dormant

SCHWARTZ, S., PONZ, A., PORYAZOVA, R., WERTH, E., BOESIGER, P., KHATAMI, R. et C. L. BASSETTI (2008), « Abnormal activity in hypothalamus and amygdala during humour processing in human narcolepsy with cataplexy », *Brain*, vol. 131, p. 514-522.

JOHNS, M. W. (1991), « A new method for measuring daytime sleepiness: the Epworth Sleepiness Scale », *Sleep*, vol. 14, nº 6, p. 540-545.

BILLIARD, M., JAUSSENT, I., DAUVILLIERS, Y. et A. BESSET (2011), « Recurrent hypersomnia: a review of 339 cases », *Sleep Medicine Review*, vol. 15, nº 4, p. 247-57.

DANTZ, B., EDGAR, D. M. et W. C. DEMENT (1994), « Circadian Rhythms in Narcolepsy: studies on a 90 minute day », *Electroencephalography and Clinical Neurophysiology*, vol. 90, nº 1, p. 24-35.

DAUVILLIERS, Y., BILLIARD, M. et J. MONTPLAISIR (2003), « Clinical Aspects and Pathopsychology of Narcolepsy », *Clinical Neurophysiology*, vol. 114, p. 2000-2017.

GÉLINEAU, J. (1880), « De la narcolepsie », *Gazette des hôpitaux (Paris)*, vol. 53, p. 626-628.

NISHINO, S., OKURO, M., KOTORII, N., ANEGAWA, E., ISHIMARU, Y., MATSUMURA, M. et T. KANBAYASHI (2010), « Hypocretin/orexin and narcolepsy: new basic and clinical insights », *Acta Physiologica* (Oxford), vol. 198, nº 3, p. 209-22.

VERNET, C. et I. ARNULF (2009), « Idiopathic Hypersomnia with and without Long Sleep Time: A Controlled Series of 75 Patients », *Sleep*, vol. 32, nº 6, p. 753-759.

Chapitre 8 – Voyage imprévu au mont Everest

FLEETHAM, J., AYAS, N., BRADLEY, D., FERGUSON, K., FITZPATRICK, M., GEORGE, C., HANLY, P., HILL, F., KIMOFF, J., KRYGER, M., MORRISON, D., SERIES, F. et W. TSAI (2007), « Directives de la Société canadienne de thoracologie : Diagnostic et traitement des troubles respiratoires du sommeil de l'adulte », *Canadian Respiratory Journal*, vol. 14, nº 1, p. 31-36.

JEAN-LOUIS, G., ZIZI, F., CLARK, L. T., BROWN, C. D. et S. I. MCFARLANE (2008), « Obstructive Sleep Apnea and Cardiovascular Disease: Role of the Metabolic Syndrome and Its Components », *Journal of Clinical Sleep Medicine*, vol. 4, nº 3, p. 261-272.

SCHWARTZ, A. R., PATIL, S. P., LAFFAN, A.M., POLOTSKY, V., SCHNEIDER, H. ET P. SMITH (2008), « Obesity and Obstructive Sleep Apnea: Pathogenic Mechanisms and Therapeutic Approaches », *Proceedings of the American Thoracic Society*, vol. 5, nº 2, p. 185-192.

MICHELI, K., KOMNINOS, I., BAGKERIS, E., ROUMELIOTAKI, T., KOUTIS, A., KOGEVINAS, M. et L. CHATZI (2011), « Sleep patterns in late pregnancy and risk of preterm birth and fetal growth restriction », *Epidemiology*, vol. 22, nº 5, p. 738-44.

LAL, C., STRANGE, C. et D. BACHMAN (2012), « Neurocognitive impairment in obstructive sleep apnea », *Chest*, vol. 141, nº 6, p. 1601-10.

BULCUN, E., EKICI, M. et A. EKICI (2012), « Disorders of glucose metabolism and insulin resistance in patients with obstructive sleep apnoea syndrome », *International Journal of Clinical Practice*, vol. 66, nº 1, p. 91-7.

HEINZER, R. C., PELLATON, C., REY, V., ROSSETTI, A. O., LECCISO, G., HABA-RUBIO, J., TAFTI, M. et G. LAVIGNE (2012), « Positional therapy for obstructive sleep apnea: an objective measurement of patients' usage and efficacy at home », *Sleep Medicine*, vol. 13, nº 4, p. 425-8.

Chapitre 9 – Histoires à dormir debout

JOUVET, M. et F. DELORME (1965), « Locus coeruleus et sommeil paradoxal », *Comptes rendus des séances de la Société de Biologie et de ses filiales*, vol. 159, p. 895-899.

BOEVE, B. F. (2010), « REM Sleep Behavior Disorder: Updated Review of the Core Features, the RBD-Neurodegenerative Disease Association, Evolving Concepts, Controversies, and Future Directions », *Annals of the New York Academy of Sciences*, vol. 1184, p. 15-54.

POSTUMA, R. B., GAGNON, J. F., VENDETTE, M., FANTINI, M. L., MASSICOTTE-MARQUEZ, J. et J. MONTPLAISIR (2009), « Quantifying the risk of neurodegenerative disease in idiopathic REM sleep behavior disorder », *Neurology*, vol. 72, nº 15, p. 1296-1300.

MAHOWALD, M. W., CRAMER BORNEMANN, M. A. et C. H. SCHENCK. (2011), « State dissociation, human behavior, and consciousness », *Current Topics in Medicinal Chemistry*, vol. 11, nº 19, p. 2392-402.

UMANATH, S., SAREZKY, D. et S. FINGER (2011), « Sleepwalking through history: medicine, arts, and courts of law », *Journal of Historical Neuroscience*, vol. 20, nº 4, p. 253-76.

CAO, M. et C. GUILLEMINAULT (2010), « Families with sleepwalking », *Sleep Medicine*, vol. 11, nº 7, p. 726-34.

SILVA, E. J. et J. F. DUFFY (2008), « Sleep inertia varies with circadian phase and sleep stage in older adults », *Behavioral Neuroscience*, vol. 122, nº 4, p. 928-35.

HUSAIN, A. M. et S. R. SINHA (2011), « Nocturnal epilepsy in adults », *Journal of Clinical Neurophysiology*, vol. 28, n° 2, p. 141-5.

CRÉDITS ICONOGRAPHIQUES

Jasmin Guérard-Alie : 16, 42, 62, 78, 96, 110, 128, 146, 164

Amélie Roberge : 35, 37, 38, 44, 50, 52, 75, 105, 118, 138, 139, 149, 150, 160, 176

Getty Images : Denise Balyoz Photography / Flickr / Getty Images couverture ; Marion Peck/Illustration Works/ Getty Images 15 ; Time Life Pictures/Getty Images 18 ; Ghislain & Marie David de Lossy / The Agency Collection/ Getty Images 19 ; Thomas Kokta/Woorkbook Stock/ Getty Images 22 ; Laurence Monneret/StockImage/Getty Images 25 ; UpperCut Images / Getty Images 27 ; Bruno Brunelli/Fototrove/Getty Images 29 ; Tyler Stableford/ Iconica/Getty Images 31 ; Kevin Morris/Stone/Getty Images 32 ; Mark Tyacke VisionAiry Photography / Flickr / Getty Images 36 ; HANK MORGAN/Photo Researchers /Getty Images 39 ; Les Stocker/Oxford Scientific/ Getty Images 45 (gauche) ; Andrew JK Tan / Flickr / Getty Images 45 (droite) ; Christian Beirle González/Flickr/ Getty Images 46 ; Lucy Lambriex / Flickr / Getty Images 49 ; Ian Gethings / Flickr / Getty Images 53 ; Paul Bradbury / OJO Images / Getty Images 56 ; Eric CHRETIEN/Gamma-Rapho/ Getty Images 57 ; Fuse / Getty Images 58 ; Ron Levine/The Image Bank / Getty Images 64 ; Fuse / Getty Images 65 ; Ranald Mackechnie / Stockbyte / Getty Images 67 (gauche) ; Reza Estakhrian/Stone/Getty Images 67 (droite) ; Margo Silver/Taxi/Getty Images 68 ; Anthony Nagelmann/UpperCut Images 70 ; Ben Ivory/Flickr Select / Getty Images 72 ; Rubberball Productions/ Getty Images 73 ; Photodisc / Getty Images 82 ; Dave O Tuttle/ Flickr/Getty Images 85 ; Anne Rippy/The Image Bank / Getty Images 86 ; Alexandra Grablewski / Lifesize / Getty Images 88 ; R. Brandon Harris/Flickr/ Getty Images 89 ; PM Images / The Image Bank / Getty Images 90 ; Betsie Van der Meer / Stone / Getty Images 91 ; Scimat Scimat / Photo Researchers / Getty Images 92 ; Betsie Van der Meer / Stone / Getty Images 93 ; Digital Vision / Getty Images 99 ; Tetra Images / Getty Images 103 ; susan.k. / Flickr / Getty Images 104 ; Coco McCoy-Rainbow/Science Faction/Getty Images 115 ; Infocus International / The Image Bank / Getty Images 116 ; Jacqueline Veissid / Photodisc / Getty Images 121 ; Dave Greenwood / Taxi / Getty Images 122 ; (c) Jaime Monfort / Flickr / Getty Images 131 ; Eric Audras / ONOKY / Getty Images 132 ; Henry Fuseli/The Bridgeman Art Library 135 ; Tanya Constantine / Blend Images / Getty Images 137 ; Photodisc / Getty Images 141 ; Paul Bradbury / OJO Images / Getty Images 142 ; Ian Shive/ Aurora / Getty Images 148 ; David Madison/Photographer's Choice 151 ; David Trood/Stone+/Getty Images 152 ; Stockbyte / Getty Images 154 ; Altrendo Images/Altrendo/ Getty Images 155 ; Steven Puetzer/Workbook Stock/Getty Images 159 ; Ron Koeberer/Aurora/Getty Images 167 ; Jekaterina Nikitina/ Flickr/ Getty Images 168 ; Thomas Barwick/Iconica/ Getty Images 170 ; Zigy Kaluzny/Stone/Getty Images 172 ; SCIENCE SOURCE/Photo Researchers/ Getty Images 174 ; Francisco Jose de Goya y Lucientes/The Bridgeman Art Library/Getty Images 175 ; IAN HOOTON/SPL / Science Photo Library / Getty Images 177

Shutterstock : 106

Sarah Scott : 191

COORDONNÉES

Dr Diane B. Boivin
Centre d'étude et de traitement des rythmes circadiens
Institut universitaire en santé mentale Douglas
6875, boul. Lasalle
Montréal (Québec) H4H 1R3
Canada

Téléphone : 514 761-6131
Télécopieur : 514 888-4099
www.douglasresearch.qc.ca/circadian

Suivez les Éditions du Trécarré sur le Web:
www.edtrecarre.com

Cet ouvrage a été composé
en Proforma Book 10,5/13,75 et achevé d'imprimer en septembre 2012
sur les presses de Imprimerie F.L. Chicoine, Québec, Canada.